轻量级领域本体自动构建方法与应用研究

王思丽◎著

文化发展出版社
Cultural Development Press
·北京·

图书在版编目（CIP）数据

轻量级领域本体自动构建方法与应用研究 / 王思丽著. —北京:文化发展出版社，2024. 11. —ISBN 978-7-5142-4498-4

Ⅰ. TP181

中国国家版本馆CIP数据核字第2024HY2901号

轻量级领域本体自动构建方法与应用研究

王思丽　著

责任编辑：孙　烨　　　　责任校对：岳智勇
责任印制：邓辉明　　　　封面设计：中尚图
出版发行：文化发展出版社（北京市翠微路 2 号　邮编：100036）
网　　址：www.wenhuafazhan.com
经　　销：全国新华书店
印　　刷：三河市中晟雅豪印务有限公司

开　　本：710mm×1000mm　1/16
印　　张：15.5
字　　数：230千字
版　　次：2024 年 11 月第 1 版
印　　次：2024 年 11 月第 1 次印刷

定　　价：78.00 元
I S B N：978-7-5142-4498-4

◆ 如有印装质量问题，请电话联系：010-65583678

目录

第1章　轻量级领域本体自动构建的核心基础

第 1 章

轻量级领域本体自动构建的核心基础

1.1 研究背景与意义

1.1.1 研究背景

（1）本体是支撑大数据、人工智能实现的重要基件，轻量级领域本体是专题领域知识智能化挖掘与语义分析计算的关键支撑，是专题领域知识图谱构建与应用不可或缺的基础要素。

随着信息技术的高速发展和国家层面对“互联网 +”、大数据、人工智能等数字经济、科技行业的大力扶持，知识内容变革的步伐和范围进一步加剧，全球众多领域的数据呈指数级、爆炸性、井喷式增长，知识载体的多渠道、多来源、多格式、非结构化、富媒体化、关联数据化[1]等复杂异构现象已成为常态，知识内在的分布性、非结构性、异质性已严重阻碍了知识在多科研主体或软件实体（如跨学科领域、跨软件工具、跨资源平台、跨服务系统等）间的共享和重用，急需本体的支撑。

领域本体（Domain Ontology）是描述一个特定领域专题的术语集合，主要提供关于该领域专题知识及概念体系的结构化、规范化、形式化、语义化的表示和说明。领域本体的构建目标是发现、获取、描述和表示特定领域专题知识，分析和确定该领域专题通用的词汇和术语，描述和组织该领域专题独有的概念知识及语义关系，解释和表示该领域专题曾经或可能发生的社会活动、产生的社会现象及其主要规律、原理、特征、应用场景等，提供和形成对该领域专题知识的全面系统、标准化理解和认识，从而实现领域知识在不同主体和软件实体间的自动共享、互操作和重用等，最终达到人机交流的目的。

因此，领域本体作为一种基于轻量级语义关系来描述领域专题知识概念模型的重要模型，具有强大的对概念特征的定义能力以及对概念语义关系的描述能力，已被认为是大数据环境下解决“信息和知识孤岛”[2]

问题的最佳方法之一。目前，领域本体已经被大量引入和逐渐应用到语义网、主题搜索引擎、知识图谱、机器翻译、领域推荐/问答系统、复杂数字对象管理、多源异构信息集成、自然语言处理等领域。尤其是轻量级领域本体主要聚焦于特定主题、领域专题任务、课题/项目应用等，具有动态可扩展性，能快速生成与提供服务，已成为领域专题知识结构化组织、体系化集成、智能化挖掘、语义化分析计算、精准化服务的关键支撑，也是专题领域知识图谱构建与应用不可或缺的基础要素，对其自动构建方法的研究是趋势所向和刚性需求。

（2）当前领域本体的构建技术和方法，尤其是重量级领域本体的构建和应用路线，存在构建模式、技术、成本、更新演化方面的重大局限和应用制约，已成为制约专题领域知识智能化组织与挖掘应用的主要瓶颈，自动化的轻量级领域本体构建方法将有希望成为推动和解决这些问题的一条实用可行路径。

目前国内外对领域本体的构建和应用均有相关的理论和实践研究，主要表现在：①已经有一些建成并得到一定程度成功应用的领域本体。比较知名的主要是一些大型通用概念本体如 WordNet[3]、DBpedia[4]、Cyc[5]、FOAF[6]、HowNet[7]、SKOS[8] 等，也有一些学科本体如 ChEBI[9]、Gene[10]、SWEET[11] 等，主要集中在化学、生物医学、地理学等少数领域[12]。②已经有一些经典的领域本体构建理论和代表性工具方法。如美国斯坦福大学的“七步法”理论及本体建模工具 Protégé[13]。如德国卡尔斯鲁厄大学的 Text2Onto[14]、英国开放大学的 WebOnto[15]、意大利罗马大学的 OntoLearn[16]、伊朗阿米卡尔比理工大学的 Hasti[17] 等。国际标准化组织万维网联盟 W3C 也提出了专门面向语义网的本体模语言 OWL[18] 和 RDF[19] 等。

这些领域本体及其构建理论、方法和工具均已在各自领域取得了不同程度的成功，但随着各种跨领域应用研究需求的不断扩展及领域专题态势监测任务的迫切性，对领域本体的跨领域性、可扩展性、构建效率、自动化、工程化程度等要求越来越高，而当前领域本体的构建技术和方法，尤其是重量级领域本体的构建和应用路线，存在构建模式、技术、成本、更新演化方面的重大局限和应用制约，已成为制约专题领域知识智能化组织与挖掘应用的主要瓶颈[20]：①已有领域本体常需要大量领域专家、工程技术人员等参与手工构建或用户协同编辑的半自动方式构建，耗时长、成本高，后期管理和更新更加困难。②已有领域本体主要为通用知识/概念本体、顶层本体、元本体，或集中在少数发展较快的大学科领域的上层学科本体，目的是为领域本体构建提供基础形式规范或支撑大学科领域综合层面的资源全谱段粗粒度整合，且主要为英文。由于中英文的语法差别很大无法直接应用，且对中文和特定领域专题的细粒度知识组织和挖掘任务支持不够。③实际应用时常需要从上述大型本体中重组出符合领域专题任务需求的小型本体，而不同本体相似概念/关系间的匹配、消歧、映射、转换、合并、扩充等处理过程操作复杂，并且当现实知识组织体系结构发生变化时，先前构造的本体必须花费大力气作相应改进以保持一致性，演化和发展任务艰巨。而目前国内外尚未有成熟可用的轻量级领域本体自动化构建的方法、工具或系统平台被公开提供，轻量级领域本体的构建研究缺乏也急需系统化、工程化、自动化的方法支持。因而，显然传统的领域本体构建理论方法和工具模型已难以满足大数据环境下日益增长的不断发展变化的领域专题知识智能化组织与挖掘应用需求，自动化的轻量级领域本体构建方法将有希望成为推动和解决这些问题的一条实用可行路径。

（3）深度学习为轻量级领域本体的自动构建提供了创新方法路径。

深度学习是当前人工智能和机器学习领域的热点研究方向，已成为互联网科技行业占领行业制高点的决胜因素之一。对于自然语言处理的诸多任务而言，如机器翻译、自动问答、推荐系统、命名实体识别、文本表示与推理等，深度学习已发挥出了巨大的作用并已有许多成功案例可循。自 2014 年以来，Google、Facebook、Microsoft、IBM、OpenAI、Skymind、百度等科技巨头先后发布了重量级开源深度学习框架，如 TensorFlow、PyTorch、CNTK、SystemML、Universe、DeepLearning4j、PaddlePaddle 等[21]。IBM 更是在 2018 年宣布推出了“深度学习即服务计划”（Deep Learning as a Service，DLaaS）[22]，将主流深度学习框架 TensorFlow、PyTorch、Caffe、Keras 等集成和封装为云服务，提供标准的 Rest API 便于研究者自由调用。深度学习的终极目标是通过组合数据的低层特征以发现和形成数据的高层分布式特征表示[23]，其模拟大脑深层架构和认知思维的将“当前层的输出作为下一层的输入”的层次化结构学习算法和思想，使得可以通过无监督或半监督式的自动特征学习和分层特征提取算法来获取特征，并利用分层空间的相对关系通过减少参数数目来反复训练算法以提高算法性能和效率，比手工或传统文献计量、数据挖掘等处理文本和提取特征的方法技术更为高效。

受此影响和驱动，基于深度学习进行自动化的轻量级领域本体构建方法的研究既是趋势导向，也是一种创新实践路径。总的来说，一方面，深度学习不需要大量人工参与数据统计分析处理过程，具有强大的从海量非结构化数据中自动学习到数据隐含的高级的语义特征的能力，从而能够实现多源异构学术资源的自动语义分析、标注处理与特征表示等，极大地解放了人力物力，提高领域本体构建的效率。另一方面，深度学习可以打破传统单一固定数据来源、内容结构的领域本体构建模式，能够借助大数据相关技术通过对多源异构学术资源的自动语义关联分析和特征挖掘来实现深层次、细粒度、多模式、自动化的本体知识发现、获取、识别与表示，从而为轻量级领域本体自动构建提供创新的理论方法依据。综上所述，深度学习的成功应用案例、开源学习框架工具、层次化结构特征提取算法等为轻量级领域本体的自动构建研究提供了创新方法路径。

1.1.2　研究意义

（1）理论意义：为轻量级领域本体的自动构建提供创新的方法论支撑。

轻量级领域本体的自动构建已成为领域专题知识智能组织和挖掘应用的关键瓶颈问题。本研究旨在探索利用先进的深度学习方法理论和算法模型构建轻量级领域本体的核心方法和关键技术，以降低领域本体的构建成本和提高其构建效率，最终为轻量级领域本体的自动构建提供创新的方法论支撑。

（2）实践意义：为领域专题知识的智能组织与挖掘提供有力工具支撑。

目前，已有领域本体构建工具大多是手工或半自动式的，国内外尚未公开发布成熟可用的领域本体自动构建工具。本研究将通过实验研究开发出一套通用的、具有良好实操性的、可工程化复用的支持轻量级领域本体自动生成和快速服务的工具模型，从根本上解决轻量级领域本体的自动化构建难题，为特定主题领域知识的智能组织与挖掘提供有力工具服务支撑。

1.2 国内外研究现状

1.2.1 领域本体的研究起源

根据相关文献记载，词语“Ontology”最早是在 17 世纪由一名叫作 Goclenius 的德国哲学家所提出[24]。因此，后来的研究人员皆认为本体最早起源于哲学领域，主要用于“对自然界存在的客观事物进行分解以发现其基本组成部分”，即研究自然界中客观事物存在的本质。后来，随着万维网的出现和互联网技术的不断发展，国内外很多来自人工智能、知识工程、信息科学和图书情报学领域的学者等先后借鉴了这一概念，将其逐渐引入和应用到知识概念表示和知识组织体系建设方面的研究。1991 年，美国学者 Neches 等首先将本体定义为“构成特定主题领域词汇表的基本概念术语和语义关系，并据此形成词汇的外延的规则”[25]。1993 年，美国斯坦福大学的 Gruber 又将本体定义为“概念模型的明确的规范说明”[26]。1997 年，美国学者 Borst 在 Gruber 的基础上再次将本体定义为“共享概念模型的形式化的规范说明”[27]；1998 年，美国学者 Studer 在 Gruber 和 Borst 的基础上进一步将本体定义为“共享概念模型的明确的形式化的规范说明”[28]。该定义完整阐释了本体的四层含义：

①概念模型：本体应是能独立表达相关概念术语和语义关系的抽象模型。

②明确的：本体所包含概念术语及其应用约束条件应预先显式地给出。

③形式化：本体表示形式应是机器可读、可理解、可规范化操作执行的。

④共享的：本体内容应是得到相关领域群体广泛认可的通用概念知识。

因此，目前有关领域本体的定义，万变不离其宗，一般都是在上述基础上进行的改写、补充、细化、扩展等。

1.2.2　领域本体的构建准则

现有的领域本体一般都构建自不同专业领域，本体的构建划分和所含要素不甚相同，比较有代表性的案例下：

1997 年，Guarino 根据本体对特定学科 / 主题领域知识的覆盖度，将本体粗略划分为顶级本体、领域本体、任务本体、应用本体四类 [29]。顶级本体一般是指上层本体或通用本体，描述和表示的是具有普适性的所有领域通用的概念知识。领域本体主要是指学科领域本体，如化学本体、地理本体等。任务本体是指与特定任务活动相关的本体。应用本体是指专门应用于某项课题研究的本体。

1999 年，Perez 等对 Guarino 提出的分类法进行了扩充，将本体详细划为十类：知识表示本体、通用本体、顶级本体、核心本体（又称元本体）、领域本体、领域—任务本体、语言本体、任务本体、方法本体、应用本体 [30]。但这十类本体定义和界限不明确，层次不清晰，且本体间彼此又有交叉，因而应用时难以对号入座。此外，Perez 等还用分类法归纳出了本体建模的五个基本元素：类 / 概念、关系、函数、公理、实例 [30]。虽然 Perez 的本体划分方法没有得到广泛认可，但该本体建模方法得到大量学者引用与不断演绎，最终演化为典型领域本体构成的五大核心要素：概念集合、描述概念特征的属性（又常被称为数据属性）、概念间的关系（又常被称为对象属性，常见的关系如部分与整体关系part-of、继承关系 kind-of、实例与概念的关系 instance-of、概念与概念的属性关系 attribute-of 等）、概念和属性间的约束（如定义域、值域、可选 / 必备等）、概念的实例集合。

2009 年，中国农业科学院的李景 [31]、华北电力大学的郑怿 [32] 先后提出本体构建应至少包含六个核心要素：声明、公理、概念、属性、函数、实例。同时，作者依据本体应具有的推理功能，将本体都划分为三个层次：轻量级本体、中量级本体、重量级本体，并认为这六个要素中，声明、概念、实例、属性是基本要素，函数、公理是关键要素，如果缺少的话，是为轻量级本体。轻量级本体可以不具有推理能力，如分类法、叙词表、领域词典等。中量级本体一般应具有简单推理能力，至少可识别和处理一阶逻辑表达式。重量级本体一般应具有复杂推理能力和推理接口，可识别和处理二阶及以上的复杂逻辑表达式 [32]。

尽管上述的研究都有各自的创新点，但不难看出，李景和郑怿的研究是在 Guarino 和 Perez 等前人的研究基础上做的扩充和演化，从五个基本元素到六大核心要素是扩充，从按学科分类到按推理功能分类是演化，顶级本体和通用本体一般都是重量级本体，学科领域本体一般是中量级本体，而任务本体和应用本体一般是轻量级本体。后来也有很多学者出于各种目的陆续对本体进行了多种构建分类，但仍然都是在 Guarino 和 Perez 的研究基础上做的扩充和细化，具有大体相同的内涵和实质。因此，目前得到本体理论界广泛认可的领域本体构建准则仍是 1995 年 Gruber 所提出的经典的领域本体构建的“五项基本原则”[33]：

①明确性：应能够使用自然语言为本体概念术语及语义关系给出客观的、清晰的、明确的知识描述及表示。

②完整性：本体知识内容应是较为全面的、系统的、完整的，应能真实表达和完全覆盖特定领域知识的基本含义、分布规律、应用场景等。

③一致性：应确保由本体概念术语及语义关系获得的推理结果不能与其本身的含义及应用场景产生较大出入、矛盾，或者二义性等。

④最大可扩展性：向本体中添加新的概念术语 / 语义关系时，应不

需要改动本体已有内容关系结构，包括分类框架、组织、存储、服务方式等。

⑤最小约束性：应对本体建模对象设置尽可能少的约束和限制条件，以确保语言编码、开发环境、系统平台等变化不会对本体已有内容结构产生较大影响。

同时，在实际应用时，由于缺乏合理的本体检测、评价机制并受技术水平、时间等的制约，这些准则很难被严格地执行并得以全部实现，通常会根据应用的具体目标和场景进行权衡和适当的取舍。

1.2.3 领域本体的构建语言

领域本体的构建语言又常被称为本体的描述、表示或建模语言，通常具有以下一种或几种不同层次深度的功能：

（1）为领域本体的构建提供建模元语，即基础语言模型，实际是指创建、定义、表示或描述一个领域本体所使用的基础语言规则和语法结构特征。

（2）为领域本体从自然语言形式转变为机器可读形式提供格式转换、语义标引、内容映射等预处理工具框架或算法模型。

（3）利用机器可读形式存储和表示领域本体，支持领域本体的自动化存储表示、关联化利用共享、可视化便捷化互操作、个性化人性化知识服务等。

目前，国内外已提出很多本体构建语言，按其应用领域来分，大致可分为两类：

1.2.3.1 基于 Web 的构建语言

主要应用在自然语言处理和知识挖掘领域。代表性的有以下方面：

① RDF [18]，资源描述框架，是国际著名标准化组织万维网联盟 W3C 提出的一个基于 XML 编写的描述 Web 资源元数据的框架，又常被表示为 RDF/XML。RDF 旨在提供一种机器可读的通用的数据表示的模型及语法。RDF 在存储和传输本体数据时常用的格式是基于行的纯文

本序列化格式 N-Triples，此外，还有 Turtle、Notation3 等。N-Triples 是 Turtle 的子集，Turtle 是 Notation3 的子集。N-Triples 最为轻量级，容易解析与生成。

② OWL[19]，本体网络语言，也是 W3C 提出的一项 Web 标准，是一种基于 XML 编写的 Web 专用本体语言，又常被表示为 OWL/XML。OWL 旨在提供一种机器可读的、通用的处理 Web 内容信息的方法。相比 RDF，OWL 拥有更大的描述类、属性和关系的词汇表，是一种比 RDF 功能强大的具有更强机器解释能力的语言。同时 OWL 提供了三种子语言，分别是 OWL-Lite、OWL-DL、OWL-Full，表达能力和推理能力依次提升且向下兼容，每一个上级子语言都是前一级子语言的扩展。如 OWL-DL 是 OWL-Lite 的扩展，OWL-Full 又是 OWL-DL 的扩展。

③ XOL[34]，XML 本体交换语言，是由美国分子生物学本体工作组提出的。所谓交换语言，是指将 XOL 作为一种中间语言，在不同数据库系统、本体开发工具或应用程序之间传输本体。XOL 语法是基于 XML，语义是基于 OKBC-Lite 设计，OKBC-Lite 是开放知识库连接 OKBC 知识模型的简化形式。OKBC 是用于访问框架知识表示系统的 API，它的知识模型支持知识表示系统、对象数据库和关系数据库中最常见的特性。如 SQL-to-XOL、UML-to-XOL 等。

④ SHOE [35]，简单 HTML 本体扩展，是由美国马里兰大学研发的。SHOE 主要提供了在 HTML 网页中创建基础本体的方法、利用 SHOE 在 HTML 网页中增加语义知识的方法、在 SHOE 本体中进行推理的方法。

1.2.3.2 基于 AI 的构建语言

主要应用在人工智能、信息系统、软件工程等领域。代表性的有以下方面：

① DL[36]，描述逻辑，是对知识对象进行形式化表示的一种逻辑语言。具有很强的表达能力和可判定性，常用分类法来表示领域概念和概念关系，是最传统最基础的一种本体构建语言。

② Ontolingua[37]，是由美国斯坦福大学知识系统实验室开发的，一

种基于知识交互格式 KIF 的本体构建语言。

③ CycL[38]，是由美国致力于人工智能研究的 Cycorp 公司开发，是大型通用本体 Cyc 知识库系统的描述语言，主要采用谓词代数进行语言描述，并提供了复杂的逻辑演绎推理功能。

④ OIL[39]，本体推理层，是由荷兰阿姆斯特丹大学和英国曼彻斯特大学的学者联合提出，是在 RDF 基础上扩展生成的本体建模语言。主要提供了基于框架和描述逻辑的本体建模机制，并支持自动推理。

⑤ DAML[40]，DARPA 代理标记语言，是美国国防高级设计研究组开发的一种语言，基于 XML 编写。DAML 具有比 XML 更强的描述对象和关系的能力，通过将 Agent 内嵌在语言中，能够动态识别和理解信息源，以自治的方式和其他 Agent 进行自动交互。DAML 也提供了 DAML+OIL 语言，支持和 OIL 联合使用。

⑥ F–logic[41]，框架逻辑，是由美国石溪大学和德国曼海姆大学的学者联合提出的一种知识表示和本体语言。F–logic 结合了概念建模与面向对象、基于框架的语言的优点，提供了简单的声明式语法和基于逻辑语言的语义。F–logic 是本体的形式化方式之一，但是没有 DL 和 OWL–DL 流行。

总的来说，目前在基于 Web 的领域本体构建研究领域，最常用的一般是 OWL 和 RDF。

1.2.4　领域本体的构建方法

近年来，国内外已经提出了大量的领域本体构建方法。从构建的基本方式上主要可分为两种：以领域专家参与为主的手工构建方法、以自然语言处理和机器学习为主的自动化构建方法。

1.2.4.1　以领域专家参与为主的手工构建方法

该方法中比较经典的有 IDEF5 法、骨架法、TOVE 法、METHONTOLOGY 法、SENSUS 法、“七步法”等[42–47]，多依赖知识工程中概念重用和知识共享的思想，旨在为领域本体构建提供工程化的标准规范或参考指导。

（1）IDEF5 法：由结构化分析方法演变而来，最初是由美国知识系统公司 KBSI 提出的用于构建企业本体的方法。主要是使用图表语言获取、描述和表示企业相关的概念和关系[42]。其构建本体的核心流程为：①组建本体开发团队；②收集和清洗数据；③分析和处理数据；④本体的初始化开发和工程化实施；⑤本体的进一步验证、评估和持续优化。

（2）骨架法：与 IDEF5 类似，最初也是由企业提出并用于构建企业本体的方法。主要是描述和表示企业、商业相关的术语集合和定义。其构建本体的核心流程为：①确定本体构建的基本目标和应用领域。②对本体将要用到或涵盖的概念知识进行分析。③对本体的概念知识进行形式化表示。④建立本体的评价标准，对本体进行多次评价；若不符合当前标准，则转入分析步骤再一次进行分析，并完善本体的表示；若符合当前标准则转入下一步；该过程可执行多次。⑤本体的最终确立与生产应用。

（3）TOVE 法：又称多伦多企业建模法，最初是由加拿大多伦多大学根据其开发商业项目 TOVE 的过程而总结提出的构建企业本体的方法。主要采用一阶谓词逻辑表达式构建和集成了多个本体模型，包含企业设计本体、项目本体、调度本体、服务本体等[43]，具体构建流程与骨架法类似。

（4）METHONTOLOGY 法：最初是由西班牙马德里理工大学人工智能实验室提出，与骨架法类似，但不同之处是首次将本体的管理、开发、应用过程依据软件开发的生命周期进行划分，并在不同阶段采用不同方法实施。该方法最早被该校图书馆用于创建化学领域本体，后又被研究者用于创建环境污染本体。其构建本体的核心流程为：①管理期：主要是系统地规划本体构建相关的任务安排、所需资源、质量保证等事项。②开发期：主要包括确立本体构建的基本规范、所需概念知识、形式化转换、结构化开发、程序维护等过程。③应用期：包括对本体进行评价和优化、相关使用说明和管理文档的撰写、利用本体进行知识获取和分析集成等。

（5）SENSUS 法：最初由美国南加州大学信息科学学院基于大型通

用本体 SENSUS 自顶向下构建小型领域本体过程中所归纳形成的方法，主要目的是为特定领域机器翻译提供基础概念结构。其构建本体的核心流程为：①首先，确定目标领域相关的一系列种子术语，并将种子术语与 SENSUS 本体树进行匹配挂接；②其次，将种子节点与 SENSUS 本体树根节点之间的路径上能够找到的全部词汇作为目标领域本体的概念；③最后，根据预设规则进行推理，“如果某节点有多条路径通过，那么以该节点为父节点的子树上的所有词汇都可视为与该领域相关”。后有研究者基于 SENSUS 法创建了军用飞机领域本体。

（6）七步法：最初由美国斯坦福大学医学院提出的本体构建方法，并且基于该方法开发了本体构建工具 Protégé。七步法构建本体的七个核心步骤分别为：①确定目标本体所涉及的专业领域概念体系；②调研和考察是否可以复用已有本体；③整理和罗列出目标本体可能涵盖的重要概念术语；④定义本体中类和类之间的上下等级关系，可选择采用自顶向下法、自底向上法、混合双向法等；⑤定义本体中类的属性，包含数据属性（实体类的属性）和对象属性（类与类之间的关系属性）等；⑥定义属性的分面（属性的属性，如描述、定义域、值域等）；⑦创建本体的实例数据。目前，七步法被认为是领域本体手工构建方法中最经典的方法，而 Protégé 是被应用最广泛的最具有代表性的领域本体构建工具。

以领域专家参与为主的手工构建方法是最传统最经典的领域本体构建方法，也是最基础的方法，很长一段内在领域本体的构建研究中都占据着绝对主导地位且影响巨大。但该方法着重依赖大量领域专家、工程技术人员参与制定领域本体中的概念关系、术语集合、推理规则等，耗时长、成本高，构建的主观性强，常忽视了概念术语的准确性与语义化描述程度，后期管理、更新和维护更是比较困难，严重限制了本体的规模化发展和便捷化服务应用。如 WordNet、Cyc、OpenGalen 等大型领域本体都曾耗费大量人力物力，历经数年的时间才得以建成。因此，为了解决上述关键问题，近年来，受自然语言处理和机器学习技术的突破和在相关领域已取得的巨大成功的影响，越来越多的学者开始转向借助自然语言处理和机器学技术去研究自动化的、通用的、可灵活扩展的领域本体构建方法。

1.2.4.2 以自然语言处理和机器学习为主的自动化构建方法

该方法通常是借助自然语言处理、机器学习等理论技术从现有知识源中获取领域知识，谋求一站式自动形成本体，实现本体的快速自动构建、扩充更新及服务应用等。由于自动化方法所采用的技术通常是混合性质的，在技术层面难以明确分类。因而，一般根据知识源的主导地位的不同，将其分为基于文本[48,49,50,51,52]、基于词典[53,54,55]、基于半结构化数据的自动构建方法[56,57]。

（1）基于文本的自动构建方法

该方法获取领域知识的主要来源是非结构化的文本，也是自动化方法中最基础的方法。代表性的方法工具有OntoLearn、Hasti、Alfonseca法[58,59]、Kietz法[60]、Faatz法[61]等。OntoLearn是意大利罗马大学开发本体自动化构建工具，其核心方法是使用自然语言处理技术从领域文本中自动抽取术语和WordNet词典进行对照、匹配、过滤和识别等，根据WordNet的分类和语义关系来自动确定领域本体的概念关系和等级体系。Hasti是伊朗阿米卡尔比理工大学开发的本体自动化构建工具，其核心方法是综合采用统计语言模型、启发式概念聚类技术等主要从波斯语的纯文本中自动抽取术语生成本体，并不支持其他语言。Alfonseca法的核心思想是通过自动获取术语的上下文属性来为本体发现和聚类新概念，从而不断改进本体。Kietz法实际上是一种半自动构建方法，核心方法是选择信息来源，自动抽取概念和关系，但需要用户参与评估，对新概念关系进行人工筛选以实现领域概念聚焦和关系聚类。Faatz法的核心方法是通过计算已有概念和新概念间的相似度来自动为本体抽取新概念，实现本体的自动生成。

（2）基于词典的自动构建方法

该方法获取领域知识的主要来源是结构化的机器可读的词典。这个词典是广义的概念，可包含通用/领域词典（本体）、分类法[62]、通用/专业叙词表[63,64]、主题词/受控词表[65,66,67]等。常见的通用词典如WordNet、HowNet、Cyc、SUMO[68]、BFO[69]等，领域词典如化学词典、医学词典、法律词典等，分类法如美国国会图书馆分类法、DDC、中图分类法等，叙词表如美国的《国家航空航天局叙词表》《医学主题词表》，英国的《联合国教科文组织叙词表》，我国的《汉语主题词表》《海洋科学主题词表》《环境科学叙词表》等。该方法主要依赖词典能包含和反映特定主题领域中较为完整的术语词汇、概念间丰富的语义关系这一特征，常将词典中的词汇及各种语义关系（上下位关系、同义关系、相关关系）经过剪枝或适当处理直接映射为领域本体中的概念关系。如联合国粮农组织基于 RDF 将 Agrovoc 叙词表 [70] 转换为农业本体。如欧盟的 EuroWordNet[71] 项目提出了 SEISD 本体自动构建方法，其核心思想是直接从 WordNet 中抽取领域概念和关系。如美国国家癌症研究所 NCI 将叙词表 NCI Thesaurus (NCIt)[72] 转换为领域本体，并和 OBO 本体库进行了集成，提供了 OWL 和 OBO 两种本体格式。如中国国防科技信息中心的唐爱民等 [73] 提出“瀑布模型”，基于国防科学技术叙词表构建了军用飞机领域本体。如中国农业科学院的张磊 [74] 基于农业科学叙词表和农业领域文献构建了农业领域本体。如武汉大学的司莉等 [75] 通过从 CNKI 中抽取与数字出版相关的主题词创建数字出版领域主题词表，并将其转换为数字出版领域本体。

（3）基于半结构化数据的自动构建方法

该方法获取领域知识的主要来源是预定义好结构模式的文档或数据，常见的如 XML、XML Schema、RDF、DTD、XHTML、RDFa、Microdata、嵌入了 RDFa 的 HTML 等。代表性的方法工具有 Text2Onto[76]、OntoLiFT[77]、OntoBuilder[78]、Deitel 法 [79]、Thomas 法 [80] 等。Text2Onto 和 OntoLiFT 都是由德国卡尔斯鲁厄大学开发的本体自动构建工具，主要采用统计方法、模式匹配、关联规则挖掘方法从半结构化数据或纯文本中自动提取概念关系进行实例学习与分类扩展从而自动生成本体，目前仅支持英文和德文。OntoBuilder 是美国密西西比州立大学开发的本体半自动化构建工具，其核心思想是通过给定一个初始化的含有少量概念关系和公理的领域本体，基于词频统计和模式匹配的方法从用户浏览过的 XML 和 HTML 文档中获取新的候选本体概念和关系，借助用户半参与实现初始化领域本体的扩充，目前仅支持英文。Deitel 法是一种从基于 RDF 语义标注的 Web 文档中自动构建本体的方法。Thomas 法是一种从 XML、

XML Schema、DTD 中自动构建本体的方法。Deitel 法和 Thomas 法等构建本体的核心流程大致相同：①本体所需来源数据的采集、清洗等预处理；②发现、识别及确定来源数据的结构模式；③基于正则表达式等将模式映射和转换为语法树（如 DOM 树、二叉树等），并对模式进行评价；④获取模式的语义并转换、映射和生成为领域本体中的语义关系。

1.2.4.3 国内领域本体构建研究综述

从上文可以看出，国外对领域本体的构建研究起步比较早，已形成一系列经典的极具代表性的构建方法和工具。而国内对本体研究起步相对较晚，在领域本体的构建方法和工具研究方面还存在一定差距。以“领域本体”作为关键词在 CNKI 中进行检索，根据文献发表时间的分布可以发现，国内研究始于 1998 年前后，1998—2003 年研究较少，2004 年起逐步热化，2012 年达到高峰期，近几年一直是研究热点，主要研究分为两个方面。其一是领域本体的构建方法研究。包括对国内外已有研究方法的综述、比较分析，领域本体概念、关系提取的新方法及实验验证等，领域本体的存储方法等如基于关系数据库、图数据库 Neo4j、NoSQL、本体数据库 Sesame 等。其他语种如蒙语、藏语、维吾尔语或其他主题领域如植物、地震、中医、天文、海洋、环保、石油、化工、法律、唐卡等领域本体的构建等。其二是领域本体的应用研究。领域本体在各个领域的应用现状综述、分析等，利用领域本体进行语义 / 智能检索、语义相似度计算、情境分析、提高信息对称性、资源 / 信息聚合、情感 / 文本挖掘、文本 / 舆情话题分类、用户兴趣建模、机器翻译、自动问答、推荐系统等。

总的来说，国内对中文领域本体构建方法研究也是一个基于人工、自然语言处理、机器学习、软件工程等多策略的混合方法模式，代表性的研究案例如下。

如中国科学院的陈刚等 [81] 提出的基于领域知识重用的虚拟领域本体的构建方法，核心思想是以现有领域知识库为基础，结合用户需求对领域相关的已有本体进行有机组合、删减，动态形成新的虚拟领域本体，并提出了基于仿生物种群进化的过程构造新领域本体的方法。

如浙江大学的刘伯嵩提出的 GOLF[2,58]，是一个混合了多种策略的半自动式本体构建方法和工具，主要采用自然语言处理和模式匹配方法从 Web 文档中进行概念、术语和关系抽取，基于 WordNet、HowNet 识别领域本体概念和实例，基于领域词典和形式概念分析 FCA 法构建本体分类关系，同时借助本体工程师对本体进行修剪与评价，完成本体的构建和形式化表示。最后在电子政务领域进行了实验应用。

如中国农业科学院的李景构建的 LODE[82]，是一个多人协作的手工本体开发工具，主要包含知识录入和语义标注功能，是以农业叙词表作为基础知识库，采用 OpenCyc 进行 OWL 转化作为顶级本体的构建方法，最后构建了花卉学领域的本体模型作为试验研究。

如武汉大学的余凡等 [83] 基于叙词表的组词规则进行规则匹配和 Ngram 算法等从文本中提取领域概念，利用叙词的等级关系构建本体层次模型，利用关系数据库进行本体概念和关系的存储，最终构建了领域本体的规范语料库，并在测绘学领域进行了实证研究。

如北京理工大学的王庆林等 [84] 基于 IDEF5 法和联合国政府间气候变化专门委员会 IPCC 发布的报告构建了气候变化领域本体，其核心方法是首先借助领域专家参与从 IPCC 报告中人工提炼出本体的基本概念框架和知识分类体系，然后基于 Word2Vec 进行领域概念抽取，基于中英文词典和特征向量进行语义关系抽取，也是一个混合了人工、机器学习等多种策略的半自动构建方法。

如安阳师范学院的支丽平 [85] 将人工智能中的分布式 Agent 理论引入领域本体的构建研究中，提出了基于多 Agent 的大规模中文领域本体的自动化构建方法，设计了术语抽取、术语过滤、概念抽取、实例抽取等 10 多个 Agent 进行任务分配和协同工作，基于模式匹配、统计分析、关联规则挖掘并结合 HowNet 词典的混合算法实现知识源的自动获取、本体自动创建、测试和融合等，最后在专利领域进行了试验应用。

如中国民航大学的史金钏 [86] 基于 LDA 和 NLPIR 分词进行跨领域本体的概念获取，将长短期记忆模型 LSTM 和注意力机制相结合进行领域本体关系的提取研究，并在民航突发事件领域进行了试验。

如吉林大学的牟冬梅等 [87] 基于形式概念分析 FCA 法和临床术语

SNOMED CT 概念关系表构建了甲状腺疾病本体，并结合 GATE 和该本体对电子病历进行了语义标引。

如南京财经大学的李树青[88]将 PageRank 引文分析和关键词共现方法结合起来，形成基于引文关键词加权共现分析的本体构建方法，在图情领域进行了试验。

1.2.5 研究现状述评及分析

综上所述，领域本体的构建研究在国内外都有了长足的发展，不同领域本体的构建方法工具之间的区别主要在于以下方面。

（1）领域本体的数据来源：领域本体构建时初始化输入数据的类型和格式，结构化的如机器直接可读的已有本体、词典、词表、分类法、关系数据库中的数据等，半结构化的如 RDF、XML、OWL、DTD、嵌入了 RDFa 或 HTML 标签的 Web 文档等，非结构化的主要是指以 TXT 格式存储的不含标签的纯文本。

（2）领域本体的获取对象：领域本体构建时从数据源中最终获取到的结果集对象，包括领域基本概念 / 术语、新词汇 / 概念、概念间的语义关系、公理等。实际应用中可能还需要结合用户的具体需求和知识分析的目的对特定的主题信息进行识别与抽取。获取对象的难易程度决定了待选择学习方法的复杂程度。

（3）领域本体的学习方法：领域本体构建时从数据源中获取本体概念关系所采用的主要方法，如手工构建、模式识别 / 转换、关联规则挖掘、机器学习、多策略混合方法等。学习方法的优劣决定了领域本体构建的自动化程度及构建效率，这是领域本体构建中最关键最重要的一环。

同时当前研究仍存在着很多不足与亟待优化解决的问题。

（1）现有领域本体的构建方法大多是手工或半自动的，需要领域专家的大量参与和不断修正，耗费成本高，距离完全自动构建还有一定差距，也缺乏真正系统化自动化的创建、更新、管理和维护机制。

（2）已有领域本体主要集中在通用领域及化学、生物医学、地理学等领域，对其他特定主题领域的知识发现和集成任务的支持远远不够。

同时很少具有不经二次修改就能完全复用的本体，而且本体复用带来了不同本体对相同概念关系的匹配识别、消歧、映射、重组、扩充等新的复杂问题。

（3）基于机器学习与自然语言处理技术的领域本体自动构建研究是当前的研究热点，但需要依赖复杂的语言处理模型和语义关系抽取算法工具支持，距离良好的可实操性尚有很大距离。且国外已有的领域本体自动构建方法工具通常是只支持西方某种语言如英语等。中文与西文语法特点差别较大，已有国外成功的领域本体自动构建工具无法直接适应于中文的文本处理、语义分析与知识表示。

（4）多数领域本体自动构建方法还处于理论模型探索和实验研究阶段，并未进行实际推广应用，也未完全公开可用，也没有提供成型的直接适用于特定主题领域知识智能组织集成和分析计算的领域本体构建工具或服务。

1.3　研究内容与预期目标

1.3.1　主要研究对象

本书借鉴和结合 Guarino、Perez、李景等人对领域本体的划分方法（见 1.2.2 小节所述），综合考虑领域本体的规模程度、复杂程度、服务对象及范围的不同等将领域本体粗略划分为三类。

（1）轻量级领域本体：规模比较小，可以不具备太多分类关系和复杂推理功能。主要面向特定主题领域的项目任务、课题应用、系统平台等，能够动态快速生成本体与提供知识服务，如语义元数据自动生成、主题相关性自动判断、主题自动标引 / 分类等。

（2）中量级领域本体：规模适中，主要面向某一类领域专题类型资源，如科研项目、科学数据、专利等，提供语义存储管理与关联集成服务等，应具有较为严谨的等级分类体系与一定量的语义关联关系，或可支持简单推理。

（3）重量级领域本体：规模比较大，概念关系比较复杂，主要是通用概念领域、专业学科领域或跨学科领域等。如顶级本体、通用本体等，一般作为基础本体和领域词典使用。

本书主要研究对象为轻量级领域本体的自动构建方法，对轻量级领域本体的内容架构特征简要界定如下：具有明确的分类类目结构，包含一定量的但层级不是很深的（如一至两层）领域主题分类体系；每个类目下应包含一定数量能够表征其所在类目主题特征分布的领域概念术语集合；领域概念术语间除了具有从属于某一个类目的分类关系外，还应具有一些深层次的非分类语义关系，如上下位关系、同反义关系和相关关系等。最终将形成描述一个特定专题领域的轻量级知识分类体系，主要提供关于该专题领域概念术语、概念语义关系、概念分类体系的结构化、规范化、语义化的表示和说明。同时，轻量级领域本体的存储表示与服务应用方式也应当是图数据化、API-first、微服务等动态、灵活、可扩展等轻量级模式优先的。

1.3.2 预期研究目标

（1）研究和探索利用深度学习的算法模型和工具框架等自动构建轻量级领域本体的核心方法和关键技术，提出一套可靠的支持轻量级领域本体自动构建的可行方法流程和技术路线，为领域本体的自动化构建提供新的方法论支撑。

（2）试验和形成一套灵活可扩展的支持轻量级领域本体自动生成与快速服务的实用方法策略和工具模型，为特定主题领域知识的智能组织集成和分析计算提供新的工具服务支撑。

1.3.3 具体研究内容

（1）相关深度学习理论与技术研究。深度学习是在机器学习的神经网络算法上进行的扩展和获得的突破，实质是累加了多个隐藏层的深度神经网络。深度学习的经典算法是 2006 年加拿大多伦多大学的 Hinton 等提出的深度置信神经网络[90]，此外还有卷积神经网络[91]、递归神经网络[92]、长短期记忆网络[93]等算法。其中在自然语言处理领域比较知名的模型工具是 2013 年 Tomas Mikolv 提出的 Word2Vec[94]，其他还有 Doc2Vec[95]、GloVe[96]、Topic2Vec[97]、BERT、XLNet 等模型，均已在 GitHub 上被开源提供。此外，还有很多开源深度学习框架如 TensorFlow、PyTorch、DeepLearning4j 等。本书拟着重对 Word2Vec、GloVe、BERT 等深度学习算法、模型和工具进行深入研究、分析和测试，掌握其应用的核心方法和流程，并对不同算法模型的优劣点进行比较与分析，考虑其在轻量级领域本体自动构建中的应用点与突破点，为进一步研究奠定理论和技术基础。

（2）轻量级领域本体概念及语义关系的自动获取与识别研究。深度学习与机器学习的最大区别是，机器学习的准确性严重依赖特征工程，即人发现特征的能力以及预定义作为输入的训练集的特征数据的准确性。深度学习具有强大的从样本中自动学习数据集本质特征并组合低层特征形成更加稠密的高层语义特征的能力，因而不需要人工参与特征选取，借助它机器可以自动地、准确地学习到样本对象的高级语义特征。轻量级领域本体自动构建的核心要素是领域概念、概念间语义关系的自动获取和识别。因此，本阶段研究的关键是如何采用深度学习的方法从数据源中主要是非结构化学术资源文本中自动获取上述核心要素。首先，从领域知识服务应用和本体论的角度，分析并确定对上述核心要素进行获取与识别的基本方法、研究内容框架与技术路线等。其次，考虑将传统自然语言处理 / 机器学习的主流方法技术和深度学习方法有机结合起来，分别设计和提出支持领域本体概念及语义关系自动获取与识别的一系列核心方法流程和模型。同时，对各方法和模型进行试验应用研究与评估分析。包括模型的精准度、识别和获取的概念及语义关系是否准确与完整、是否满足预期目标、相关算法和模型参数是否可以继续优化等。

（3）轻量级领域本体的自动存储表示和服务应用策略研究。随着大数据技术的不断发展突破，领域本体的数据规模将愈来愈庞大，内容关系结构将愈来愈复杂，传统的领域本体存储表示方式已难以适应如今规模化的及对灵活性、可扩展性、可互操作性要求极高的领域本体，因而亟须谋求新模式下轻量级领域本体的自动存储表示与服务应用方法和策略，以快速有效地支撑实际应用服务需求。研究和探讨深度学习模式下轻量级领域本体自动存储表示和服务应用的核心方法和关键技术，设计和提出领域本体自动存储表示和服务应用的核心研究框架、可行策略方案等，并进行实证研究，以支持对轻量级领域本体的快速高效存储和便捷获取利用等。

1.3.4 拟解决的关键问题

（1）轻量级领域本体深度学习语料集的自动构建。深度学习语料集，即深度学习所依赖的数据来源，是基于深度学习进行轻量级领域本体构建必须系统考虑和预先准备好的基础知识资源。不同深度学习模型所依赖的语料集格式差别很大，并需要满足一定的样本分布比例与类别均衡性要求，其质量好坏将影响着最终学习结果好坏。如概念抽取，可能需要术语序列标注如 IOB 格式语料；分类关系预测，可能需要分类标注如（分类标签，专题文本）格式语料；上下位关系识别，可能需要上下位关系标注如（概念词，上位词，下位词）格式语料。如何形成大数据量、高质量的标注语料集是一个关键问题。

（2）轻量级领域本体概念自动抽取的深度学习模型构建。领域概念一般是指能够代表某特定主题领域知识重要的相关的术语集合，领域本体概念的自动获取是轻量级领域本体自动构建研究的首要基础任务。传统方法主要依赖人工预先设计概念抽取规则或选取特征，费时费力且难以获得最优特征，模型精度也不高。如何基于深度学习的方法训练领域词嵌入模型来表示领域文本特征，并构建出能够有效地挖掘和利用到领域文本更深层隐含语义特征的深度学习概念抽取模型，以提高抽取精度是一个关键问题。

（3）轻量级领域本体语义关系自动识别的深度学习模型构建。领域本体中概念间语义关系的识别和判定最为复杂，涉及句法分析、语法分析、上下文分析等，一般包含分类关系、上下位关系、同反义关系、相关关系等，不同语义关系的识别需要采用不同的方法模型，应考虑对不同语义关系进行分门别类研究，建立多层次、立体化的轻量级领域本体语义关系自动识别的深度学习模型。深度学习模型存在的最大问题是公式复杂，参数繁多，精度难调，可解释性差。这意味着不同设计方法和参数具体该如何优化，单凭一次实验或借鉴前人研究并不可靠，需要进行多次调参实验和评估分析才能获得。如何实现语义关系自动识别的深度学习模型优化、提高精度是一个关键问题。

1.4 研究方法与技术路线

1.4.1 研究方法

（1）文献调研法：对领域本体构建的基本理论和方法进行深度调研与梳理。

（2）软件测试法：对深度学习的相关算法模型和工具框架进行测试与分析。

（3）文本挖掘法：通过分词、句法分析等实现本体学习语料的标注与组织。

（4）模型构建法：构建出支持领域本体自动生成的核心方法、流程和模型。

（5）实证研究法：以特定领域为例实现领域本体的自动构建、表示与服务。

1.4.2 技术路线

本书研究的总体框架如图 1.1 所示，核心技术路线如图 1.2 所示。

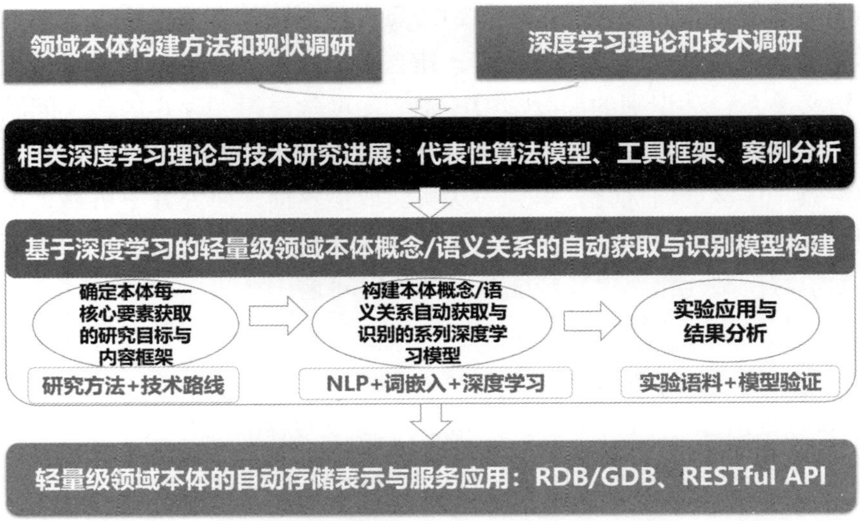

图1.1 本书的总体研究框架

Figure 1.1 General Research Framework of the Book

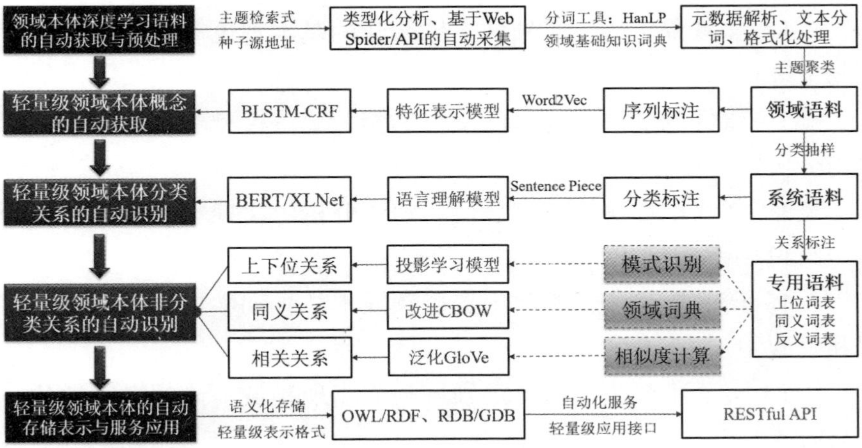

图1.2 本书的总体技术路线

Figure 1.2 General Technical Route of the Book

1.4.3 实验方案

（1）采用文献调研法和案例分析法，对领域本体自动构建相关的深度学习理论技术、算法模型、工具框架进行调研梳理与分析总结，为进一步研究奠定理论技术基础。

（2）采用模型研究法，针对轻量级领域本体自动构建的核心要素，领域本体概念及概念间语义关系的获取与识别，分层次、分步骤地研究和提出一系列支持领域本体自动构建的核心方法流程和模型。

（3）采用软件设计法，对上述核心方法流程和模型进行软件开发实现，并选择相关专题领域主要是资源环境领域进行实验应用，以支持特定主题领域知识的智能组织集成与语义分析计算。

1.5 本书的组织结构

本书共包含 8 章，每一章的具体内容如下。

第 1 章，轻量级领域本体自动构建的核心基础。论述本书的研究背景与意义；对本书选题相关的国内外研究现状进行调研梳理与述评分析；提出本书的研究内容、预期目标、具体研究内容与拟解决的关键问题；对本书的研究方法、技术路线、实验方案进行归纳总结；概述本书的组织结构。

第 2 章，相关深度学习理论与技术。简要介绍深度学习的产生背景和发展现状；对深度学习的代表性特征学习算法模型进行深入剖析；对深度学习的主流开源工具框架进行了梳理分析；对本体构建相关的深度学习案例进行文献调研与统计分析；分析深度学习面临的挑战及问题，提出拓展深度学习应用能力的方法。

第 3 章，领域本体深度学习语料的自动获取与预处理。本章相关工作基础与研究框架设计；提出多源异构领域本体深度学习语料的自动获取方法；提出领域基础知识词典的自动构建方法；对主流开源分词工具进行安装测试与性能评估，提出基于多策略混合的领域文本自动分词与新词发现方法。

第 4 章，轻量级领域本体概念的自动获取。本章相关工作基础与研究框架设计；对当前主流词嵌入模型进行对比分析，提出基于Word2Vec的领域文本特征词嵌入模型的自动生成方法；研究提出基于BLSM-CRF和自注意力机制的领域概念术语自动抽取模型的构建方法；轻量级领域本体概念自动获取的实验应用研究，并对实验结果进行了评估分析。

第5章，轻量级领域本体分类关系的自动识别。本章相关工作基础与研究框架设计；对深度学习文本分类的关键技术进行剖析，包括常见分类任务模式、主流分类模型、分类的核心流程和关键要素；研究提出基于BERT和XLNet的轻量级领域本体分类关系自动识别模型的构建方法和技术；轻量级领域本体分类关系自动识别的实验应用研究，并对实验结果进行了评估分析。

第6章，轻量级领域本体非分类关系的自动识别。本章相关工作基础与研究框架设计；设计提出轻量级领域本体上下位关系自动识别的核心技术路线，研究构建了基于扩展Hearst模式和投影学习相结合的轻量级领域本体上下位关系识别方法及模型；设计提出轻量级领域本体同义关系自动识别的核心技术路线，研究构建了基于领域词典和改进CBOW词嵌入的轻量级领域本体同义关系识别方法及模型；设计提出轻量级领域本体相关关系自动识别的核心技术路线，研究构建了基于特征编码编辑距离和GloVe词嵌入的轻量级领域本体同义关系识别方法及模型；轻量级领域本体非分类关系自动识别的实验应用研究，分别设计和实施了三种关系自动识别的实验，并对实验结果进行了评估分析。

第7章，轻量级领域本体的自动存储表示与服务应用。本章相关工作基础与研究框架设计；对代表性的领域本体自动存储表示模式的核心方法和关键技术策略进行对比分析，设计提出RDB与GDB模式相结合的轻量级领域本体存储表示方法；对代表性的领域本体自动服务应用模式的核心方法和关键技术进行对比分析，设计提出基于RESTful API模式的轻量级领域本体自动服务应用方法；轻量级领域本体自动存储表示与服务应用的实证，以资源环境领域为例，设计了轻量级领域本体自动存储与服务应用的实验，并对实验结果进行了评估分析。

第 8 章，总结与展望。总结本书研究工作的主要内容；总结本书研究工作的创新点；分析本书研究工作尚存在的局限性和不足，提出未来研究计划。

1.6　本章小结

本章首先概述了本书的研究背景及意义；其次，着重对本书相关的国内外研究现状进行了调研梳理与述评分析；再次，在此基础上提出了本书的研究内容与预期目标，包括主要研究对象、预期研究目标、具体研究内容、拟解决的关键问题；又次，对本书的研究方法、技术路线、实验方案进行了归纳总结。最后，概述本书的组织结构，使对本书有一个全局的系统性的认识。

第 2 章

相关深度学习理论与技术

2.1 深度学习的产生背景与发展现状

2.1.1 产生背景

近年来，无论是在商业领域还是学术社区，人工智能、机器学习、深度学习都已成为一个热门议题。但实际上，人工智能和机器学习的概念已经不温不火存在了很多年，之所以突然又变得如此火热，原因之一就是深度学习作为机器学习领域的一种新技术的突破和其目前表现出来的优越性，极大地推动了人工智能的研究进展，使人类看到了实现真正人工智能的希望。长久以来，真正能被称为“智能”的事物，只有人类的大脑，但是人类大脑的内部构造异常复杂，复制起来极为不易，因而人工智能的目标就是研究如何使用计算机来模拟人类大脑的思维过程并实现一些更高层次的智能行为，如学习、规划、思考、推理、情感认知等。然而，从1956年人工智能被首次提出，经过60余年的发展和无数科学家们的努力，尽管已取得了一系列丰硕的研究成果和巨大的成就，但距离达到人类大脑级别的真正的人工智能依然还相差甚远。目前，粗略来看，人工智能已经可以达到的智能层次如下。

（1）通过人工预定义编程实现的重复性的机械运动。如各行各业位于生产流水线上可高速自动连续作业的工业机器人等。

（2）通过人工预定义规则模式针对特定任务执行的搜索、识别、预测工作等。如互联网领域广为人知的网络机器人，又常被称为网络蜘蛛、网络爬虫等，根据预定义模式，如经典的“广度优先遍历”“深度优先遍历”模式等，计算机可在最短时间内从海量网络数据中搜索和计算出最有效的路径，获得最优结果。

（3）通过从已有数据中获取规则特征为未知数据问题提供答案。如各种聊天/写作机器人、AI助手、自动问答/分类系统、基于用户画像的推荐系统等。

在前两个层次中，在机器学习方法未出现以前，不借助人工智力，机器几乎没有任何处理未知数据问题的智能。直到在第三个层次中，机器学习的出现使得机器开始能够处理很多人工智力无法直接快速处理的数据问题。与以往的机器只能根据人预先提供的知识规则模式进行搜索、判断的方法相比，机器学习是人类构建的一种更高级更稳健更通用的技术。机器学习通过训练大量的样本数据，根据从样本数据中学习到的知识模式，实现对未知数据问题的解答、分类与预测等。但机器学习已被实践证明存在很大局限性：

首先，不是任何数据都能作为机器学习的样本数据，只有学习到恰当的相关的数据，机器才能预测出正确的结果，反之，则不能。但机器本身是无法判断样本数据合适与否的，也无法明确理解究竟要从样本数据中学习到什么，也就是说机器学习的输入和输出是机器自己无法控制的。其次，机器学习依赖输入的样本数据，常常需要人预先定义、从原始数据中收集、提取、创建后提供给它。人定义、创建并提供作为机器学习输入的数据常被称为“特征”，人从原始数据中获取、处理和生成特征的过程，又常被称为“特征工程”。实际演算时，特征即指机器学习中模型的参数和超参数，参数需要从大量样本数据中学习和估计得到，而超参数需要人来设定，参数值设置的不同将会对结果预测的精确度产生很大的影响。而超参数调优的过程，就是特征工程的实施过程，仍受人的主观知识和发现特征的能力所制约。此外，样本数据的分布通常具有一定的差异性和不均匀性，训练样本数据时可能需要预先做一定的假设和取舍，有的机器学习模型可能只有当未知数据符合训练时的数据分布假设时预测结果才良好，真正适用的模型需要反复训练和泛化。即使是当前训练良好的模型，在不同的应用情境下可能依旧无法做出令人满意的决策。因此，很多时候，机器学习通常是在一个非常专业、相对狭窄、极具目标性、解空间有限的领域内能够取得巨大成功，如国际象棋、日本象棋等。

目前，机器学习已经有大量的算法模型，不同算法模型的精确度可能大有不同，但当精确度达到一定饱和后，最终决定机器学习算法模型优良程度上限的仍是数据和特征，是人发现和抽象特征的能力。机器学习无法自主完成特征工程但又严重依赖特征工程这一问题，使得特征工程常被视为机器学习的致命死穴，已成为阻碍机器学习实现人工智能的一个瓶颈。深度学习的出现正是为了逐步解决上述难题。如图 2.1 所示，深度学习与其他 AI 方法有着明显的区别和联系：

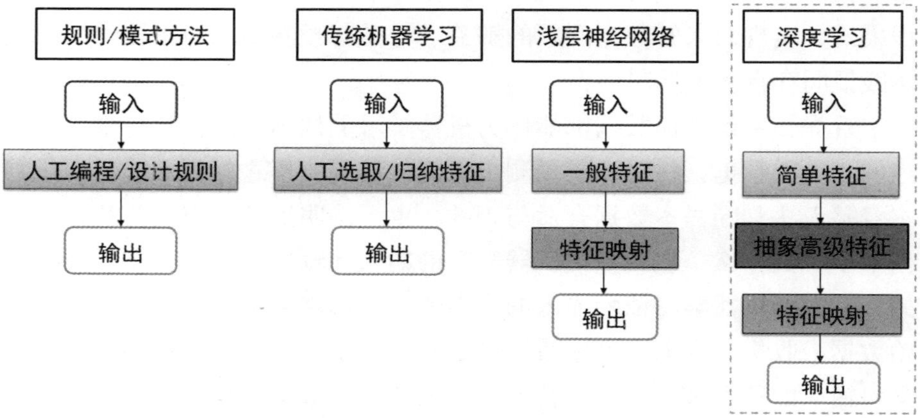

图2.1 深度学习与其他AI方法的区别与联系
Figure 2.1 The Difference and Connection between Deep Learning and Other AI Methods

2.1.2 发展现状

深度学习的概念最早是在 2006 年由加拿大多伦多大学的 Hinton 等人提出，其最初的代表性方法深度置信网络实际上是对传统机器学习方法中神经网络算法的一种扩展和改进。传统神经网络算法常将整个多层网络整体视为一个巨大的单一的神经网络进行训练和学习，对于训练计算中出现的误差，模型只能将误差从输出层直接再反向传递回输入层，通过调整整个网络的参数来优化算法。当网络具有多层复杂结构时，每次反向传递的误差可能会逐渐缩小乃至最后消失（著名的消失梯度问题），使得顶层输入层难以获取到正确的误差反馈，也就无法对整个网络的权重参数进行有效调整和优化，算法学习效果和预测精度难以达到理想。深度神经网络与传统非深度神经网络的结构差异对比如图 2.2 所示。深度学习成功的关键是将网络深层化、多层化，让每一层都参与到相应阶段的训练和学习中来，将上一层的输出数据作为下一层的输入数据，由浅入深、由易入难地逐步完成学习。由于每一层都参与了学习，误差反馈可在每一层上得到及时处理，且每一层学习也可根据实际情况采用不同的学习方法。最终根据此方式进行预训练，机器将可自动由浅层的初级简单特征逐步学习到深层的高级复杂特征。例如，在图像识别领域学习什么是某个动物时，第一层可能是学习该动物大致的体态轮廓特征，第二层是眼睛、鼻子和嘴巴的形状特征，第三层是脸部的特征，第四层是四肢的特征等，以此类推完成整个抽象学习过程。与人类感知事物的方式非常类似，首先是获取一个全局印象，然后才逐步延伸到局部的各种细节特征。

目前，深度学习在一些领域已经取得了一定的成功，利用深度学习技术机器已经能够自动从给定数据中挖掘出重要特征，依靠自身能力获取恰当知识完成一定的知识表示、推理和解答，尤其是在计算机视觉、图像 / 语音识别、自然语言处理领域成绩显著效果惊人。如谷歌在 2012 年公布的深度学习算法，采用从 YouTube 视频库中提取的 1000 多万个图像作为输入数据进行训练学习后，计算机可以自动识别出未知视频中的猫。目前基于深度学习的自然语言处理技术已经被谷歌大量应用于谷歌搜索、谷歌翻译、谷歌地图、YouTube、无人驾驶汽车研究等。又如国际商业机器公司 IBM 在 1997 年研发的超级计算机 Deep Blue 曾战胜了国际象棋冠军；在 2011 年又推出了认知计算系统 Watson，涵盖了自然语言处理、机器学习、深度学习领域大量的创新性技术，具有非常强大的理解、推理、学习、分析能力，能够自动对非结构化大数据进行分析提炼和语义标注，帮助人类进行决策咨询与问题解答等。领域本体的自动构建属于自然语言处理领域文本语义挖掘方面的研究范畴，也必将从中获得启示和受益。

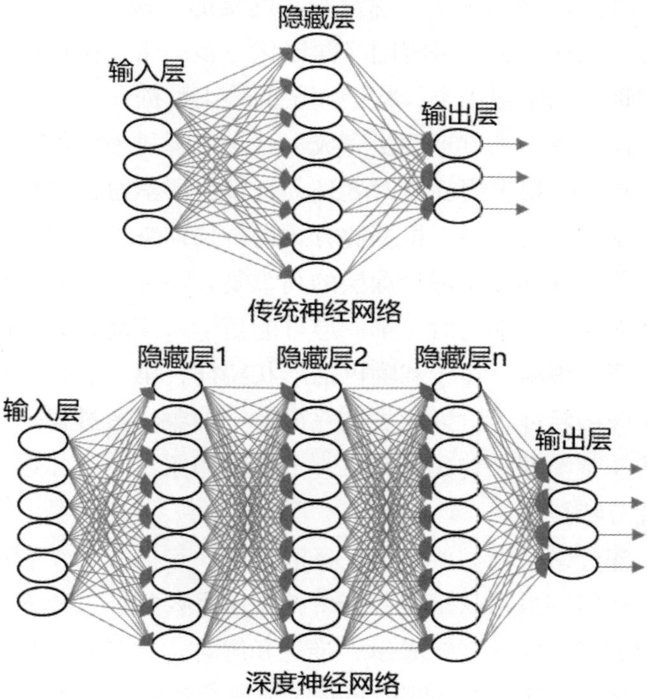

图2.2　深度神经网络与传统非深度神经网络的结构差异对比

Figure 2.2　Comparison of Structure Difference between Deep Neural Network and Traditional Non-deep Neural Network

2.2　深度学习的代表性特征学习算法模型

2.2.1　传统特征表示模型分析评价

轻量级领域本体自动构建的核心要素是领域知识概念及概念间语义关系的自动获取与生成，涉及了自然语言处理领域很多重要理论方法，如实体识别、相似度计算、语义抽取、文本聚类 / 分类等，但首要基础是领域文本的分析与特征表示。在深度学习未出现以前，自然语言处理领域常用的文本特征表示模型有布尔逻辑模型、向量空间模型、独热表示模型、以潜在狄利克雷分布 LDA 为代表的主题模型、以 N-gram 为代表的统计语言模型、以分布式表示为代表的神经网络语言模型 NNLM 等，但这些方法都存在着不同程度的局限性：

（1）布尔逻辑模型是将文本表示为包含特征词集合的布尔表达式，是一个基于 1（true）和 0（false）的二值特征判定模型。该模型简单直观易实现但应用时极容易出现误判与漏判，且表示过于简单，无法描述复杂语义关系。

（2）向量空间模型常将文本映射为由多维加权特征词组成的向量，权重表示特征词在文本中的重要程度，权重越大，则表示越重要越相关[89]。权重计算一般采用词频 / 逆向文档频率算法（TF/IDF），即特征词在文本中出现的次数与包含该特征词的文本数之比。该模型的特征项可按需灵活配置，但特征词是相互独立的，词频与语义不对称，特征词与权值常难以合理选取，不同表示结果误差很大。

（3）独热表示模型是指创建词库根据词库中词的位置编号，将词表示为只有 0 和 1 的 N 维向量，对应词库位置上索引为 1，其他为 0。向量维度 N 即词库的大小，一般采用稀疏矩阵存储，又常被称为 N 分之一编码模式。模型优点是解决了以往分类模型不好处理的离散数据问题，一定程度上起到了扩充文本特征的作用，目前应用比较广泛，常和支持向量机 SVM、条件随机场 CRF、朴素贝叶斯 NB、隐马尔可夫 HMM、逻辑回归 LR 等模型结合起来，用于模式识别、文本分类等，并取得了一定的成功。缺点是生成的向量冗长，易产生维数灾难，且各维度相互孤立，常忽略词序、语法、语义等信息，得到的特征是离散稀疏的。

（4）LDA 主题模型是一个包含词、主题和文本的三层贝叶斯概率模型，实质上也是一种将文本转化为词频向量的词袋模型，从文本中抽取主题，从主题中抽取词，通过遍历将文本表示为主题词的概率分布。在表示文档与主题的概率分布特征上效果比其他模型好，但通常不考虑文本的词序与文本的长度等差异化信息，文本的语义特征学习不够充分，难以实现精确推理。

（5）N-gram 统计语言模型常依据文本中最近出现的 N 个词展开特

征计算，假设每个词出现的概率只跟前面的 N–1 个词相关（著名的马尔可夫假设），常用最大似然估计等方法进行条件概率计算。当 N ≥ 2 时虽然考虑了上下文语境，但最佳 N 值的构造与估算过程非常复杂，语料的不足常使得难以训练出更高价的 N，常使用的就是 1-gram（Unigram）、2-gram（Bigram）、3-gram（Trigram），且该模型没有考虑更远的词与当前词的关系（超出 N 范围的词将被忽略），也没有考虑句子的语法特性，无法建模出词与词之间的相似度。

（6）神经网络语言模型 NNLM 是通过大量语料训练将文本中的每个词都映射为 N 维实数向量，通过计算向量之间的距离如余弦距离、欧式距离等来判断词之间的语义相似度。N 的取值范围一般为 5000~200000。NNLM 一般包含 4 层结构，输入层（前 N–1 个单词的索引）—投影层（N*C 的矩阵，C 表示特征维度）—隐藏层（条件概率计算）—输出层（又称 Softmax 层）。NNLM 的训练结果是词的分布式表示，又常被称为词向量或词嵌入（Word Embedding），实质也是一种词袋模型，与独热表示模型不同的是，能够通过训练将词映射到一个较短的词向量上，有效避免了出现维数灾难。NNLM 实质是一种基于 N-gram 的机器学习方法，虽然与 N-gram 相比固定了输入数据数量，解决了高阶 N 值训练问题。但最佳 N 值的获取仍需要通过反复训练与试验才可能得到，整个模型构造过程也极为复杂，待调参数繁多，且常忽略了带时间序列的数据训练问题。

深度学习的特征表示方式和 NNLM 一样，也为词嵌入。不同的是，深度学习进行特征学习和表示时，不仅可以考虑文本上下文的语义，而且可以使用带时间序列的数据进行训练，且对已有复杂算法进行了良好封装，相对来说简化了特征模型的构造和优化过程。深度学习在原来只有输入层和输出层的神经网络模型中增加了多个隐藏层的深度神经网络，基本流程一般包括预训练和微调两个步骤，模型的参数会在预训练阶段逐层进行学习，在微调阶段作为单个神经网络进行调优。不同深度学习算法模型的差异主要是预训练和微调方法的不同。目前深度学习的特征学习模型有很多，也和机器学习一样分为非监督和监督学习两种。非监督学习是指训练数据是没有经过特殊处理的原始数据集，目标是尽可能地保留原始数据的特征并降低特征的维度；监督学习是指训练数据是经过人工或机器标注的数据集（又常被称为带标签的数据集），目标是尽可能减小特征分类的错误率，实质都是寻求最佳的特征表达方式。下面本章着重对自然语言处理领域常用到的几种具有代表性的深度学习的特征学习算法模型进行分析，为下一步领域本体的自动构建研究打基础。

2.2.2　深度置信网络 DBN

深度置信网络（Deep Belief Net, DBN）[90] 最早是在 2006 年由加拿大多伦多大学的 Hinton 等人提出的，但真正作为深度学习的基础性方向开始快速发展并被广泛研究应用是在 2012 年前后。DBN 不仅可以用于特征表示和数据分类，还可以用于生成训练数据。DBN 的核心思想是预先构建一个观察数据（原始数据）和标签数据（标注数据）之间联合分布的概率模型，然后通过不断训练和调节不同神经元参数所占的权重，最终促使神经网络基于最大概率规则去产生训练数据。DBN 的预训练方法常被称为限制玻尔兹曼机（Restricted Boltzmann Machine，RBM），实质上是一个由多个 RBM 串联构成的神经网络，而每一个 RBM 实际上又是一个受限制的二值化的无向图模型：该图被限制为一个可视层和一个隐藏层，可视层的神经元主要用于接收输入与输出，隐藏层的神经元用于提取特征，即捕捉可视层表现出来的数据相关性，不同层的神经元间可以存在链接，但同一层的神经元间不能有链接。且可视层与隐藏层的神经元具有相互独立的随机状态，取值范围一般为 {0,1}，整个网络的状态将由各个神经元所对应状态的总和来确定。如图 2.3 所示：

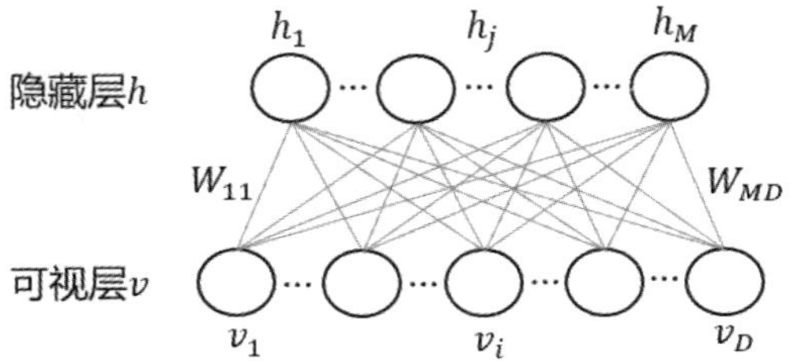

图2.3　DBN的单个RBM[90]
Figure 2.3　Single RBM for DBN[90]

图中 v 系列表示可视层的神经元，v_i 表示可视层神经元的值，D 表示可视层神经元的数量，h 系列表示隐藏层的神经元，h_j 表示隐藏层神经元的值，M 表示隐藏层神经元的数量，W_{MD} 表示两层神经元间的权重。实际计算中，v 常被量化为一个数据向量，v_i 即代表数据向量的第 i 维。

单个 RBM 的训练过程，实际上是寻求一个训练样本的最大概率分布，分布的决定性因素又常取决于权重 W，因此训练 RBM 的终极目标就是寻找最佳权重 W。因而 DBN 的特征学习过程可视为一个使用逻辑回归等贪心算法逐层训练 RBM 以获取最优权重的过程。首先训练第一个 RBM（常被视为最底层 RBM），用数据向量 v 推断出隐藏层 h，获取最佳权重 W，并将 W 及隐藏层神经元的状态固定下来；其次将第一个 RBM 的隐藏层 h 作为第二个 RBM 的输入向量 v，训练出第二个 RBM 累加在第一个 RBM 上方，重复上述训练过程多次，直到获得最顶层 RBM。如果训练数据集包含带标签的数据，在最顶层 RBM 训练时，还需要将代表分类标签的神经元向量添加到输入向量 v 中共同进行训练。

2.2.3 卷积神经网络 CNN

以往的机器学习算法中，允许接收输入数据的维度基本是 1 维，然而在现实应用中，数据并非总是 1 维，尽管可以把 2 维数据转化为 1 维输入，但会不得不丢弃很多有用信息，如时间信息、位置信息等。卷积神经网络（Convolutional Neural Networks, CNN）[91] 的提出正是为了专门用来处理具有类似 2 维或更高维度网格结构数据的神经网络。如带时间轴的时间序列数据，可视为 2 维像素网格的图像数据等。CNN 目前主要用于图像 / 语音识别、计算机视觉、机器翻译等。在 CNN 中，输入层可以接收和处理多维数据，如经过标准化归一化处理的 2 维、3 维或 4 维数组等；隐含层又包含卷积层、池化层（亚采样）、全连接层（多层感知器）等多层架构，主要通过使用卷积和池化等数学运算进行特征筛选与提取。因此 CNN 的一般训练流程为：输入—卷积—亚采样—卷积—亚采样—全连接—输出。

卷积和亚采样的过程可根据实际需求重复迭代多次。如图 2.4 所示：

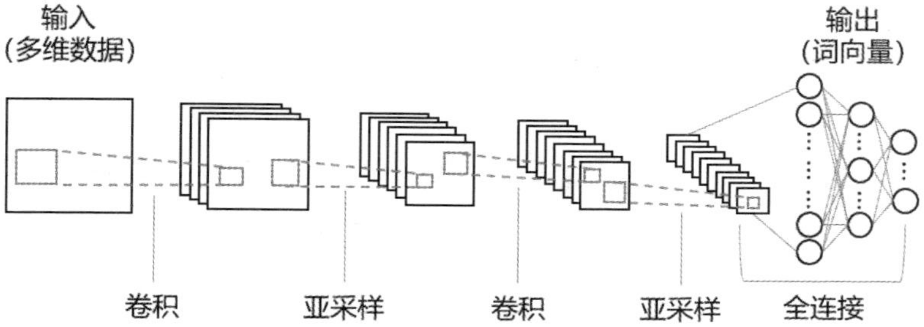

图2.4　CNN的一般训练流程[91]
Figure 2.4　General Training Process of CNN[91]

其中卷积就是指在卷积层作卷积运算，目的是对输入数据进行特征提取。用作卷积运算的函数常被称为卷积核，一个卷积层通常会包含多个卷积核，核中的每个元素都有一个权重值和偏差向量，类似于其他深度神经网络中的神经元。工作时，CNN 会将输入数据划分为多个区域（感受域），从每个区域中对输入数据进行特征扫描，实质是求每个卷积核内元素构成的矩阵乘积和偏差量叠加在一起的和。CNN 卷积层有三个重要超参数，卷积核大小、卷积步长、卷积填充，其中卷积核大小一般可设置为小于输入数据大小的任意值，其值越大，表明可提取的输入特征越复杂。此外，有的 CNN 算法在卷积层中还会使用一些激励函数以辅助提取复杂特征。在卷积层进行特征提取后，输出的特征会被进一步传递至池化层进行特征筛选和过滤，即所谓的亚采样。池化层一般包含一个预置的池化函数，其功能是将特征数据中单个点的数据替换为其相邻区域的特征数据的统计总量。池化层选取池化区域与卷积核扫描特征的方式类似，也由池化大小、步长和填充等参数控制。全连接层一般建立在 CNN 隐含层的最后面，用于向其他连接层传递信号，在全连接层中特征数据会由原来的多维结构转换为向量并通过激励函数传递至下一层。输出层一般紧邻着全连接层，使用逻辑回归函数或归一化函数输出最终的分类标签。

2.2.4　递归神经网络 RNN

一般深度学习方法的多层感知机在识别个体案例与处理一般分类任

务上效果良好，但难以分析输入数据的整体逻辑序列，如具有复杂时间关联性的时间序列数据，信息内容长度多样性的结构序列数据等。递归神经网络（Recurrent Neural Network, RNN）[92] 又常被称为循环神经网络，正是为了解决带序列结构的数据问题而提出，是能够传递上下文信息的深度学习模型之一，可以处理如树型、图等此类复杂的具有足够多层和节点的递归结构、拓扑结构等。RNN 可以把一个树型或图结构信息编码为向量并映射到一个语义向量空间中，使得编码后语义越相似的向量距离越近。但与传统神经网络的最大不同是，RNN 的隐藏层与时间存在加权链接并构成一个循环，使得输入层与来自时间序列中上一个隐藏层的信息将共同作用于当前隐藏层，能够在处理新输入数据的同时保存历史数据状态。如 t–1 时刻的输入数据激活的是 t–1 时刻对应的隐藏层，这些数据会被保存并在 t 时刻被传递至 t 时刻对应的隐藏层。如图 2.5 所示：

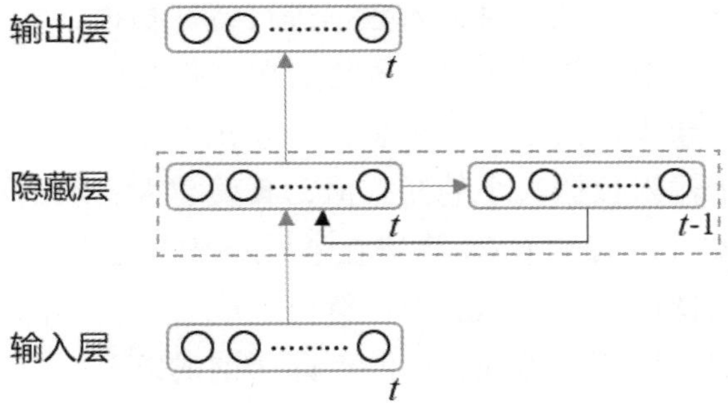

图2.5　RNN的一般示意图[92]

Figure 2.5　General Schematic Diagram of RNN[92]

由于 RNN 在训练时需要考虑时间相关性及上下文信息，其训练算法也是一种基于时序的反向传播算法（Back Propagation Through Time, BPTT）。在 BPTT 中，参数误差及梯度都会反向传播给时间序列的前序层，通过累加时间序列中每个元素所累积误差的权重来更新模型权重矩阵进行训练。但在实际应用中，需要将时间长度设定在有限范围内（又称截断 BPTT）以简化训练计算的复杂度，否则会导致“梯度消失”（时间长度过短所致）或“梯度爆炸”（时间长度过长所致）问题。相关研究者在 2010 年还提出了以 RNN 为基础进行优化改进的专用于自然语言处理的递归神经网络语言模型 RNNLM，可以适应更加广泛的上下文，且训练生成的单词向量可以反映单词的含义。如实现基于词向量的单词含义推理，单词向量（“king”）– 单词向量（“man”）+ 单词向量（“woman”）= 单词向量（“queen”）。但其上下文长度仍受限于 N 元语法。

2.2.5　长短期记忆网络 LSTM

使用常规的 RNN 训练深度学习模型常需要截断时间长度，因此难以完整地依赖时间和反映完整的上下文。虽然经研究设置 RNN 时间链接的上限可以缓解梯度爆炸问题，但梯度消失问题仍难以解决。长短期记忆网络（Long Short Term Memory Networks, LSTM）[93] 正是为了解决 RNN 对时间的长期依赖问题，尤其是“梯度消失”问题而提出的，实质是一种带时间的特殊的 RNN，主要用于处理时间序列中延迟或间隔时间相对较长的事件上下文。常规 RNN 的隐藏层只有一个状态 h，用于保存短期的信息状态，LSTM 是在原来基础上增加了一个新的单元状态 c，又被称为常量误差传送带（Constant Error Carousel, CEC），用来长期保存输入数据的值和梯度。即在 t 时刻，LSTM 的输入会有三个：t 时刻的输入值 x_t，t–1 时刻的输出值 h_{t-1}，t–1 时刻的单元状态 c_{t-1}。LSTM 实现的关键就是其控制单元状态 c 的方法，又被称为 LSTM 记忆模块，主要包含了三个被称为门（Gate）的控制开关：输入门（Input Gate）、遗忘门（Forget Gate）、输出门（Out Gate）。如图 2.6 所示：

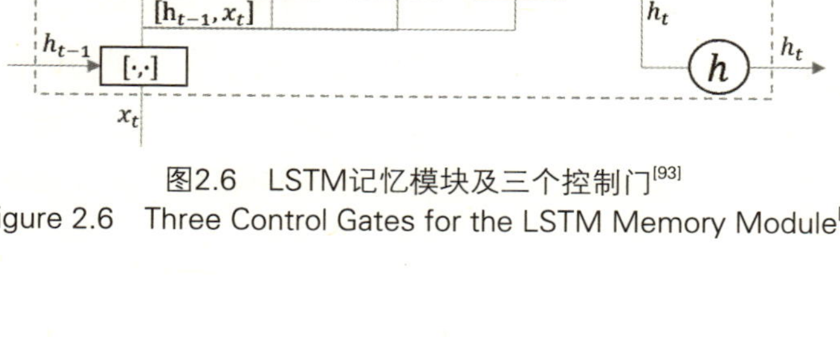

图2.6　LSTM记忆模块及三个控制门[93]

Figure 2.6　Three Control Gates for the LSTM Memory Module[93]

输入门 i_t，控制 t 时刻的输入 x_t 保存到单元状态 c_t 的数量（权重）；遗忘门 f_t，控制 t–1 时刻的单元状态 c_{t-1} 传播到 t 时刻 c_t 的数量（权重）；输出门 o_t，控制 t 时刻 c_t 输出到 LSTM 隐藏层 h_t 的数量（权重）。LSTM 在训练时，一般设定门的激活函数为 σ（Sigmoid 函数，值域为 0 到 1），用于决定单元状态 c 中需要输出的部分，然后将 c 输入到激活函数 tanh（tanh 函数，值域为 –1 到 1）中，获得最终的输出值。目前 LSTM 在机器翻译、为图像生成标题、语音识别等许多应用中已获得良好精度，有关 LSTM 的变体和改进算法也已被陆续研究和提出。如加拿大蒙特利尔大学的 Kyunghyun Cho 等在 2014 年提出的 GRU 算法，将 LSTM 中的输入门与遗忘门改进为一个更新门来控制单元状态 c，简化了 LSTM 的计算和模型表达能力，得到了广泛认可与应用。在 GRU 被提出以后，LSTM 和 GRU 就取代了 RNN 成为传统深度学习的主流和基础算法模型。

2.3 深度学习的主流开源工具框架

2.3.1 词嵌入生成工具

Word2Vec[94] 是谷歌的 Tomas Mikolov 团队在 2013 年发布的一个用于生成词嵌入的简单高效的开源工具包，主要功能是对文本进行训练学习并转化为词嵌入模型。基于词嵌入模型，文本中的每一个词最终都会被映射到一个特定向量，词与词之间相关关系的衡量转变为词嵌入间距离或相似度的计算（余弦距离、欧式距离等），文本的主题关系表达转变为词嵌入的 WordKmeas 聚类等。

Word2Vec 目前包含两种算法模型：CBOW、Skip–Gram。CBOW 是利用目标特征词的上下文语境预测和计算出目标特征词的词嵌入，训练的目标是使得在给定上下文且考虑权重的条件下获得目标词作为输出的条件概率达到最大化。CBOW 模型的实质是移除了原有 NNLM 模型中非线性的隐藏层，将所有输入的词向量都集中在同一个嵌入层，并将嵌入层与输出层直接相连接，等同于将词袋模型与一个嵌入矩阵相乘，从而得到一个连续的词嵌入。Skim-Gram 模型正好相反，是利用目标特征词预测和计算出该特征词的上下文词嵌入，训练的目标是最大限度地减少输出层上下文词嵌入预测的错误概率。Skim-Gram 模型的实质是计算输入词的词嵌入与目标词的词嵌入之间的余弦相似度，并进行归一化函数计算。同时，Word2Vec 还提供了两种学习优化算法：分层归一化算法和负采样算法。分层归一化算法的基本思想是通过构造基于哈夫曼编码的二叉树将对 N 个词的复杂归一化概率问题分解转化为 logN 个词的条件概率乘积，该算法分类训练使用的负例是二叉树的其他非最优路径。负采样算法是为了解决训练样本的中心词很偏僻不适合用哈夫曼树进行遍历学习的情况（时间复杂度过高），通过对样本正例进行随机负采样，建立一个正例和 N 个负例之间的二元逻辑回归的似然函数进行参数求解。Word2Vec 已提供了上述两种模型和两种算法共 4 种训练模式的开源实现，具体应用时可通过系统提供的超参数进行不同算法模型组配调用。Word2Vec 支持多种编程语言，具有 C++、Python、Java 版本等，安装部署简单，支持在百万级以上文本数据集上进行长时高效训练，已成为目前应用最广泛最便捷的词嵌入生成工具。

随后，以 Word2Vec 为基础的扩展工具也陆续被提出。2014 年，Quoc Le 和 Tomas Mikolov 提出了 Doc2Vec（Sentence2Vec、Paragraph2Vec）[95]，基于非监督式算法学习训练从文本中自动生成句子 / 段落 / 文档的向量模型。与 Word2Vec 类似，该模型可通过计算距离来衡量句子 / 段落 / 文档之间的相似性。此外，2014 年，斯坦福大学的 Jeffrey Pennington 等提出了 GloVe[96]，是一个基于全局词频统计的词嵌入生成工具。与 Word2Vec 不同的是，GloVe 模型并没有使用神经网络相关算法，而是通过对来自语料库的聚合全局词 - 词共现进行训练，构造了一个共现概率矩阵 C（矩阵中每一个元素 C_{xy} 代表单词 x 和上下文单词 y 在特定大小上下文窗口内共同出现的次数）来挖掘和表示表示词嵌入空间的线性子结构关系，然后对词嵌入和共现矩阵间的近似关系进行加权计算，构造一个损失函数实现对模型的参数求解。GloVe 与 Word2Vec 相比，能够充分利用所有语料，但计算代价和开销也比较大，因而相对应用不是特别广泛。2015 年，Niu Liqiang 等提出了 Topic2Vec[97]，基于 Word2Vec，将主题结合到 NNLM 模型中，用于在与单词相同的语义空间中学习主题的分布式表示。2016 年，Christopher Moody 提出了 Lda2Vec[98]，将 Word2Vec 和 LDA 有机结合起来，在 Word2Vec 的 Skip-Gram 模型上进行 LDA 主题建模，使用上下文嵌入来预测上下文特征词。上下文嵌入被定义为单词嵌入和文档嵌入的总和，其中单词嵌入由 Word2Vec 生成，而文档嵌入是由文档权重向量（文档中每个主题所占的权重转化为百分比）和主题矩阵（主题及其嵌入）的加权组合。Lda2Vec 不仅能学习到词嵌入和上下文嵌入，还能学习到文档的主题特征表示。

目前上述算法工具均已在 GitHub 或相关网站被开源提供。

2.3.2 深度学习开发框架

TensorFlow[99] 是谷歌的人工智能团队 Google Brain 在 2015 年公开的一个开源深度学习系统框架，支持各类机器学习 / 深度学习算法的编程实现。TensorFlow 前身是谷歌的神经网络算法库 DistBelief，实质是一个基于数据流图进行高性能数值计算的开源 API 和软件库，支持多种编程语言下的调用和开发，如 Python、C++ 等，但应用比较多的为 Python。TensorFlow 开发一般分为数据流图的定义 / 构建和图的执行 / 运算两个阶段，在第 1 个阶段，借助 TensorFlow 框架的 API，能够快速构建和训练出基于复杂神经网络算法和反向传播过程的深度学习图模型；在第 2 个阶段，对图模型中预定义好的运算进行执行，运算中可操作的核心数据单位被称为张量（Tensor，可理解为 N 阶矩阵），实质就是执行一个巨大的矩阵数学运算。TensorFlow 通过使用图模型将所有的可运算数据转化为图的节点，针对不同的节点可按需执行运算，可有效获取图中间某些节点的值以进行其他运算，可分配给多个 CPU 和 GPU 同时执行运算等，极大地节约了系统开销和提高了执行效率，因而是目前应用最多最流行的开源深度学习框架。

虽然目前基于 Python 的深度学习开发比较热门，但仍有很大一部分应用系统源自 Java，也急需 Java 的解决方案。Deeplearning4j（DL4J）[100] 即一个由美国商业智能软件公司 Skymind 在 2014 年发布的专为 Java 编写的开源深度学习库，支持多种深度学习算法模型的 Java 实现与优化，如 DBN、CNN、RNN、LSTM 等，也支持 Word2Vec、Doc2Vec、GloVe 等。还可与 Hadoop、Spark 集成，在 CPU 或 GPU 上运行，支持分布式运行计算。DL4J 也是目前唯一的基于 Java 的商业开源深度学习库。

2017 年，美国著名的社交网络服务公司 Facebook 的 AI 团队发布了基于 Python 的具有动态图模式（Eager Mode）和分布式训练性能的深度学习张量库 PyTorch（前身是基于 Lua 的 Torch 科学计算框架，但 Torch 应用者小众已逐渐被搁置）[101]，由于其设计理念比较先进，一经推出就受到热烈关注继而迅速流行起来。此外，还有基于 Python 的支持自动梯度函数计算的 Theano[102]、具有高度模块化神经网络 API 的 Keras[103]、基于 C++ 的以轻量快捷著称的 Caffe、我国百度公司发布的 PaddlePaddle 平行分布式深度学习框架等。尽管相关框架很多，但目前受众最多的仍是基于 Python 的 TensorFlow、PyTroch、Theano 等。

2.3.3 深度学习预训练模型

深度学习预训练模型的用意是指可以首先在一个较大规模的无监督语料集上训练出一个基准模型，获得基础的通用的语言建模和语言表示能力，然后在实际应用时只需要直接调用或微调（对模型不需要做太大改动，只需要在已有模型上增加针对特定任务获得输出结果的输出层，并使用任务标注语料对模型进行少许训练的过程）该模型即可在其他数据集上轻松实现各种 NLP 功能，这一过程又常被称为“转移学习”策略。转移学习的突破是 NLP 及深度学习得以迅速发展的主要原因，一方面它有效解决了随着网络的不断加深和数据集的不断扩大造成的完全重新训练一个模型所需要的成本也在不断增加的问题，另一方面也非常有利于帮助那些没有时间或资源从头开始学习或构建 NLP 模型的研究人员快速学习掌握相关技术。早在 2015 年，微软研究院的 He 等率先提出深度残差神经网络模型[104]，将 CNN 扩展到 100 层以上并应用于图像识别，刷新了当时神经网络的最高深度纪录。目前在图像识别、计算机视觉等领域，使用预训练好的大型神经网络模型来提取特征以提高后续任务处理能力已成为一种常规做法。

相对而言，目前 NLP 通常会使用预训练好的词嵌入模型来处理后续任务。但一般的词嵌入通常都是基于无监督的浅层神经网络进行训练，虽然在词的等级及聚类上有着良好的特性，但非常缺乏对连续文本的内在语义联系和上下文语言结构的良好表达能力。2017 年，谷歌的 AI 团队首先提出了 Transformer 模型 [105]，舍弃了 RNN 的循环式网络结构，采用了一种全新的注意力机制，基于固定长度的上下文来实现，可直接模拟和表达文本句子中所有单词间的关系而无须理会其各自位置。Transformer 注意力机制的基本思想是计算文本句子中的每个词与所有词的相关关系，利用相关关系来调整词的权重并获得新的词汇特征。Transformer 模型最终通过对输入文本不断进行上述的注意力机制层和一般的非线性层叠加训练来获得全局的文本语义表达。因而与常规的 RNN 和 CNN 相比，Transformer 模型在性能上要更好，训练模型所需的计算资源也更少。2018 年，美国华盛顿大学 Allen AI 研究所的 Matthew Peters 等提出了 ELMo 模型（Embeddings from Language Models，语言模型嵌入）[106]，是一种将向量和嵌入结合起来表示单词的新方法，主要基于双层双向 RNN 或 LSTM 进行计算生成词嵌入。与以往的词嵌入生成工具的最大不同是，ELMo 可以考虑词嵌入的完整输入语句，将表征作为特征传递给下游任务，使得相同单词在不同的上下文语境中具有不同的词嵌入。紧接着，大型深度学习网站 Fastai 和人工智能企业 DeepMind 联合设计推出了 ULMFiT 模型（Universal Language Model Fine-Tuning，通用语言模型微调）[107]。该模型可对预训练语言模型进行微调并针对每一层设置不同的学习率，将其在维基百科的长期依赖建模数据集之一的 WikiText-103 上进行训练，可以得到新的数据集并且不会忘记之前学习过的内容特性。使用 ULMFiT 模型，只需要较少的数据集就能产生比一般文本分类模型更好的效果。随后，著名人工智能组织 OpenAI 发布了 GPT-2 模型 [108]，该模型实质是一个具有 12 层 Transformer 结构的 Transformer 模型，其预训练语言模型是基于百度 15 亿词汇文本和 800

万 Web 数据集进行训练的一个单向语言模型。

基于以上模型的成功和谷歌自己的深厚研究基础，谷歌在 2018 年 11 月发布了重量级开源框架 BERT 模型（Bidirectional Encoder Representations from Transformers，双向编码器表征模型）[109]，沿袭了 OpenAI GPT 模型的基本架构，采用 Transformer 编码器作为主体结构，使用纯文本语料进行训练。BERT 使用的训练数据是涵盖了约 33 亿词汇的开源语料库 BooksCropus 及英文维基百科数据，BERT 模型标准版约有 1 亿参数量（与 GPT 模型大致相当），大号版有 3 亿多参数量。与 GPT 模型或其他只考虑词的单侧（仅左侧或右侧）上下文的模型不同，BERT 可以同时考虑词的两侧，并进行多任务学习，是首个无监督地支持双向深度预训练的双向语言模型。此外，BERT 还具有许多其他创新特性，如可以采用 MaskLM（遮蔽词）方式来标记训练，可以进行句子级别的连续性预测任务等。BERT 模型一经发布即获得最高热度关注，已在 10 多个 NLP 任务上取得了惊人效果。2019 年初，谷歌又发布了 Transformer-XL 模型 [110]，作为 Transformer 模型的改进版，可以帮助机器理解超出固定长度限制的上下文，极大地提高了模型的灵活性和推理速度，已在多个语言建模基准数据集上都取得了新的技术成果。2019 年 6 月，谷歌大脑团队和美国卡耐基梅隆大学团队联合推出了 XLNet 模型 [111]，借鉴了 Transformer-XL 模型中先进的自回归理念，其一：利用自回归方法解决了 BERT 模型中存在的局限性问题，如 BERT 忽略了被遮蔽位置之间的依赖关系，模型存在预训练—微调差异等；其二：通过最大化模型中因子分解顺序所有排列可能的期望值（实际是一个对数似然函数）实现了双向上下文信息的学习；此外，还将 Transformer-XL 的分段重复机制和相对编码方案集成到了预训练过程中，改进了文本处理性能。XLNet 实质是一种基于广义置换语言建模目标的无监督表示学习方法，是一种泛化的自回归预训练模型，目前测试表明，其在长文本语言表示任务上性能显著且优于 BERT，如自动问答、情感分析、语言推理、文档排序、文本分类等。

与此同时，也陆续涌现了一些对 BERT 进行扩展的模型，如跨语种训练出的 XLM；融合了知识图谱中三元组关系训练出的 ERNIE；融合了序列生成模型 seq2seq 训练出的 UniLM；使用了更大规模数据和更好的全词屏蔽语言模型训练出的 RoBERTa；对词向量进行分解，改变参数共享方式，将下一句预测模式转换为句子排列顺序预测模式训练出的 ALBERT 模型等。

虽然上述预训练模型都已开源，但由于比较分散，目前也有一些开源自然语言处理 NLP 库将多种主流的预训练模型整合起来供按需调用。如著名的 AI 团队 Zalando Research 发布的 Flair[112]，已将 GloVe、ELMo、BERT 等词嵌入方式集成起来供调用，已推出了命名实体识别 NER、词性标注 PoS、文本分类、训练定制模型等多个预训练模型。美国斯坦福大学开发的 StanfordNLP[113]，支持超过 53 种语言，基于 PyTorch 构建并打包了多个预训练模型，也包括命名实体识别、实体关系抽取、词性标注 / 词形标记、依存句法分析等。我国百度公司也推出了开箱即用、可灵活定制的 PaddleNLP 工具集，覆盖了自然语言理解与生成的多模态应用场景，提供信息抽取、文本分类、情感分析、语义检索、知识问答等多项任务的快速实践支持。

2.3.4 大规模语言模型

ChatGPT 是美国 OpenAI 公司在 2022 年 11 月推出的一款智能聊天机器人程序。与以往功能简单、机械生硬的普通聊天程序或客服助手不同，它不仅能够和人类进行基本的聊天对话，而且能够深入理解和主动学习人类的语言观念、情感思维、意识形态和意图动机等，基于聊天的上下文内容信息以及针对人类提出的各种问题和提示，和人类进行连贯的互动交流和真正的协作创新，进而完成一些高难度的场景任务，如智能问答、考试答题、撰写文案、编写代码、创作论文、翻译文本、分析数据、以文生图等。因而，ChatGPT 一经推出即受到热烈追捧，目前已成为世界上用户增长最快的应用程序，连比尔 · 盖茨都称赞 ChatGPT 出现的意义不亚于计算机和互联网的诞生。ChatGPT 实质上是一个人工智能和深度学习技术驱动的自然语言处理程序和大规模通用语言模型，通过创建多层次的深度神经网络和可预测可扩展的深度学习栈，并嵌入了人类反馈强化学习（RLHF）和监督微调机制，使得模型能够灵敏感知和准确理解不同语言风格和语境模式的微妙差异，然后依据应用场景进行重新组合、概率排序和模仿推导等，从而生成更具有真实性和创造性的结果。迄今为止，ChatGPT 已经经历了 GPT–1 至 GPT–4 等多个版本的演化。其中，GPT–4 于 2023 年 3 月发布，提升了对多模态功能的支持，包括对文字、语音、图像、视频的输入和输出处理、理解优化和加强等。实验表明，ChatGPT 尤其是 GPT–4 在各种专业测试和学术基准上的表现已与人类水平旗鼓相当。

其实，在 ChatGPT 出现以前，国内外已经有相关机构企业发布过大规模语言模型或聊天机器人，如谷歌的 LaMDA，Meta 的 OPT–MIL、BlenderBot，Hugging Face 的 Bloom，DeepMind 的 Sparrow 等，但都反响平平。如今，以 ChatGPT 为引领，国内外多个互联网机构开始竞相投入生成式大规模语言模型及相关产品的深度研发和布局。如微软已将 ChatGPT 嵌入 Office 办公套件和 Bing 搜索引擎，谷歌发布了基于 LaMDA 模型的对话机器人 Bard，Meta 开源了 LLaMA，百度公开了“文心一言”ERNIE Bot，阿里巴巴推出了 M6–OFA，腾讯推出了“混元”系列大模型，京东推出了 ChatJD，华为联合鹏程实验室发布了“鹏程 · 盘古”大模型，复旦大学发布了 MOSS，IDEA 研究院发布了“封神榜”大模型等。此外，360、浪潮、快手、有道等企业也陆续宣布正在推进相关同源技术和大语言模型的专项研究。可见 ChatGPT 及类似技术不仅是一种先进的强智能的生产工具，能够为各行业提供数据、算力、模型等基础人工智能服务能力，而且可能会带来一场全新的划时代的生产力革命，有望成为下一代信息产业基础设施并重构和形成新的应用生态，有效辅助各行业、各产业链获得更高的全生命周期质量、效益和核心竞争力。但遗憾的是，ChatGPT 目前在我国并不开源，而国内现有的类 ChatGPT 工具模型与其能力还相差较大，且更多的也是不开源，抑或仍处于试用或保密研发阶段。因而 ChatGPT 及类似的大语言模型目前仍难以快速有效嵌入现有知识管理与服务工具系统以及提供和形成便捷化的开发应用支持和普及性的智能化服务。

2.4 本体构建相关的深度学习案例分析

鉴于 Web of Science 中的文献都是得到精心遴选过的认可度较高的核心和权威学术文献，本研究尝试从 Web of Science 中以检索式“TS=(deep learning) AND TS=(ontology)”，“索引 = SCI-EXPANDED, SSCI, CPCI-S, CPCI-SSH”，“时间跨度 = 2010–2020”进行高级检索，相关文献仅有380 篇，其中 2010–2013 年间，平均每年不超过 8 篇，自 2014 年起逐步增多，2017 年开始翻倍变化有 28 篇（2016 年 14 篇，是 2016 年的 2倍），2018 年达到 69 篇（约是 2017 年的 2.46 倍），2019 年有 119 篇（约是 2018 年的 1.72 倍），2020 年有所下降为 103 篇，如图 2.7 所示。同时以检索式“SU=‘深度学习’ and SU=‘本体’”，发表时间同样限定为“2010–2020”在 CNKI 专业检索中检索，得到的文献仅有 135 篇。

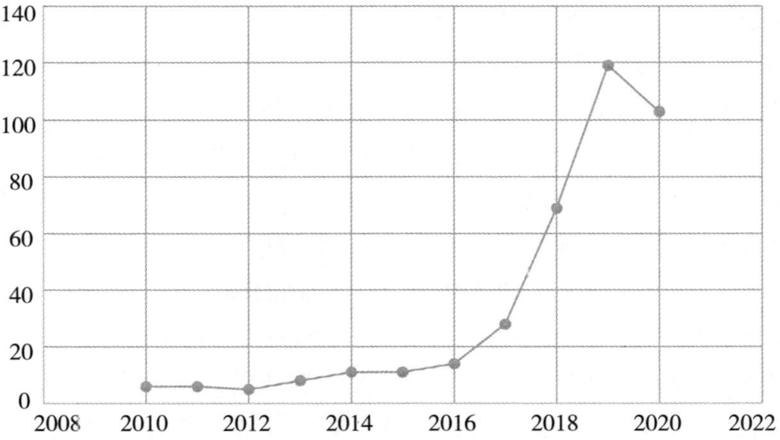

图2.7 WOS核心集中的本体构建相关的深度学习研究案例2010—2020
Figure 2.7 Deep Learning Research Cases Related to Ontology Construction 2010—2020

代表性的本体构建相关的深度学习研究案例有以下方面。

2016 年澳大利亚悉尼大学的 Raghavendra Chalapathy 等 [114] 提出了双向 LSTM-CRF 模型用于临床概念提取，并将其分类为预定义的类别，如治疗、测试、问题等，使用 Theano 深度学习框架和 GloVe 词嵌入工具进行了实现。

2017 年上海海事大学的 Jianan Wang 等 [115] 提出了基于卷积神经网络 CNN 和 TF-IDF 的多本体构建算法，并在航运业领域进行了实验。

2017 年英国曼彻斯特大学的 Casteleiro, MA 等 [116] 利用 CBOW 和 Skip-gram 算法，以 PubMed 的文摘信息作为语料训练词嵌入，自动识别出生物医学出版物中的基因和蛋白质名称及术语变体，并将其映射到心血管疾病本体 CVDO 中。

2018 年北京大学的 Ying Shen 等 [117] 提出了结合全局上下文特征、局部上下文特征和医学特定特征来进行同义词识别，将依赖关系信息集成到深度神经网络中进行关系提取，并以已有本体为基础进行胃肠病学本体构建的方法。

2019 年意大利米兰理工大学的 Hirenkumar Nakawala 等 [118] 基于深度学习模型构建了“Deep-Onto”本体网络，利用外科实体对肾切除手术视频 RAPN 进行标注，实现对外科手术工作流和情境的感知。通过对文献案例分析可以发现以下方面。

（1）现有领域本体构建相关的深度学习研究仍首先集中在生物医学如疾病、基因、癌症等领域，其次是社交媒体和资源聚合 / 搜索等通用领域，有关其他主题领域的应用研究很少。

（2）现有研究缺乏利用深度学习直接进行领域本体构建的整个生命周期的研究，多是研究领域本体构建中的单阶段任务，如概念提取、语义关系识别、推理机制等之一；或将深度学习和已有本体结合起来，进行其他相关研究，如（文本 / 图像 / 视觉 / 语音）分类 / 推荐 / 识别 / 预测、机器问答、语义搜索、情境感知等。

究其原因，本书认为其一是因为生物医学领域原本就是领域本体的早期研究发源地，已有大量格式规范、内容完备且开源的标注语料、术语词表、大 / 中 / 小型本体库等，非常有利于深度研究实验，其他领域则非常欠缺这些基础条件。其二是目前深度学习在包括生物医学在内的其他研究方面本来就已取得了诸多成功与不菲成就，有深厚的技术铺垫和成功经验可以借鉴和应用于领域本体构建研究。正因如此，本书将以上述研究为基础，重点进行面向特定主题的轻量级领域本体构建的整个生命周期过程的研究，以实现基于深度学习的体系化、通用化轻量级领域本体的构建研究，以弥补现有研究应用的不足和拓展研究范围。

2.5 深度学习面临的挑战及能力拓展方法

2.5.1 面临的挑战及问题

深度学习作为一种跨越式的创新，一直以来国际上对其研究都十分活跃，且已发布了大量的深度学习开源算法模型、框架工具供研究应用。尽管不同的模型工具的功能特性和编程语言大有不同，但也具有一些通用性，如已有的框架工具基本已封装了一些主流深度学习算法模型的底层实现并提供了调用接口，如 DBN、CNN、RNN、LSTM 等，使得研究者可以在不必深入了解算法原理的情况下也能快速构建多种深度学习模型，且模型的训练可通过定义一个深度学习层结构来实现，研究者可以专注于进行参数设置与调优，而无须关心算法的具体实现。又如多数深度学习算法工具可在不同操作系统及 CPU、GPU 或 TPU 上便捷切换，研究者可以专注于对文本特征挖掘部分的实现，而不需要考虑太多的硬件环境。总的来说，深度学习的实现支撑是：由计算机硬件环境（CPU、GPU、TPU 等）提供计算空间和计算能力，计算机软件（深度学习算法模型及工具框架）提供基础算法和工具组件，数据（深度学习语料）类似于“乐高积木碎片”，实现过程则是利用基础算法和已有数据设计出“乐高搭建方案”，利用硬软件环境和设计方案自动运算和预测出“目标模型”，以实现各种预期目标。因而首先是在基础硬软件环境和发展趋势良好的领域如图像 / 语音识别、计算机视觉领域深度学习已获得了比人类更高的精度，并得到大量推广应用；其次在自然语言处理领域，如机器翻译、问答系统、推荐系统等也在逐步取得惊人成绩。但在其他领域，目前深度学习还并没有太多成功应用。究其原因，深度学习也存在着一些阻碍其自身能力发展的问题：

（1）深度学习算法模型的参数繁多，精度难调。与传统机器学习与神经网络算法相比，深度学习算法模型中存在大量的参数和超参数，如上下文窗口的大小、隐藏层的层数、每个隐藏层神经元的数量等。训练与测试中，也需要一些特殊参数的配置，如训练样本的大小、投影学习矩阵的大小、卷积核的大小、学习的速率、dropout 的比率、优化算法的选择等。以 ChatGPT 为例，GPT-1 约有 1.17 亿参数，GPT-2 约有 15 亿参数，GPT-3 约有 1750 亿参数，GPT-4 已达到约 100 万亿参数，与人类大脑神经元的数量相当。尽管有开源模型工具作基础，但定义和构造一个深度神经网络结构的过程，还是一个对大量参数进行不断调配组合的过程，只有良好稳定合理的参数调整才能确保深度学习的有效性与提高深度学习的精度。这也意味着参数具体该如何调整如何取值，单凭经验或借鉴前人研究并不可靠，需要进行更多的额外的实验才能获得。同样也不存在适用于所有可能情况的唯一算法模型，数据环境越复杂，变化越快，任何一种给定的算法模型都将随时可能不再适用。

（2）深度学习模型的构建依赖大量准确的训练数据，变化困难。深度神经网络的结构深而复杂，对于简单的样本和问题，深度学习难以进行训练和分类预测，只有大量足够准确的训练数据，才能实现对相关权重的充分优化。然而随着数据量的增加，训练的时间和成本（需要更大的内存或存储空间，更多的 CPU、GPU 或 TPU）也会不断增加。类似 ChatGPT 的大语言模型，训练或优化一次需要长达数月时间（GPT-4 为 6 个月），训练成本在 200 万美元至 1200 万美元，集成用于搜索计算服务的代价更高（如果将 ChatGPT 部署到谷歌搜索引擎，粗略计算需要 51 万余台 A100 HGX 服务器和 410 万余个 A100 GPU 支持，总成本将超过 1000 亿美元），因而进行广泛的特定调整完全是不现实和不可行的。ChatGPT 的做法是建立了可预测可扩展的深度学习栈，对基础设施进行扩展，使其尽可能地在多规模场景下都具有可预测行为。此外，由于深度神经网络算法常包含了大量随机操作和 Dropout 操作，再加上不同计算机的计算精度不同且有限，使得权重优化与计算的值可能会随着实现方法的不同而出现波动，因而从实验中得到的准确率很可能依赖所使用的开源模型工具库的实现，使用不同的库进行同一种深度神经网络算法的训练，可能得到的结果也会有很大差异。

（3）深度学习难以在短时间内完胜经典机器学习方法。在很多业务领域，经典机器学习算法仍占主导地位，如支持向量机 SVM、朴素贝叶斯 NB、条件随机场 CRF、逻辑回归 LR、随机森林 RF 等，已得到广泛认可与大量应用验证，且能够快速响应和实现模型更新等，已足以满足大部分用户及应用需求。虽然深度学习在学术界已受到追捧，已取得了较高精度，但在实际生产应用中并不是精度越高就越备受青睐，人们还会对其计算时间、应用成本、模型稳定性等问题进行再三权衡，因而在深度学习还没有成为普惠性的人工智能服务前，短时间内将难以也不可能完全取代实施代价较小的机器学习方法。

（4）深度学习模型可能引发知识产权和信息安全等问题。随着深度学习模型的流行和发展，对其可能引起的知识产权、信息安全、隐私伦理和环境污染问题的关注及研究也越来越多。如模型学习能力依赖对海量文本语料的挖掘和训练，可能对他人作品成果进行复制使用以及创作风格进行借鉴模仿从而引发新型版权侵权风险；模型生成的高度逼真的合成性内容以及高度敏感的隐私性信息（如医疗健康数据、财务状况数据、身份信息数据等）可能被用于冒充或欺骗他人从而引发隐私侵犯、电信诈骗等违法犯罪行为；模型响应可能存在政治 / 性别 / 种族偏见或歧视、违背血缘关系和伦理常识等误导性问题；模型训练与优化消耗的巨大算力可能引起碳排放问题等。相关机构团队正在研发检测和缓解这些问题的方法，如使用更加多样化的训练数据，加强透明度、问责制、审查制和知情权，推动健全人工智能应用相关政策法规等。OpenAI 于

2023 年 1 月底推出了 AI 生成内容鉴别工具，旨在识别 ChatGPT 生成的文本内容，但目前仍存在较大局限性，准确率有待提高。我国相关机构也于 2023 年 3 月推出了首个 AI 生成内容检测工具 AIGC-X，旨在对人工智能技术生成的虚假信息、抄袭内容、垃圾邮件等进行检测，目前对中文文本的检测效果表现良好，但也存在反改写监控能力差等问题。近期权威期刊《自然》中的一篇论文也指出，ChatGPT 用于科学界必须首先遵循人类审查原则。这也是一个新的需求和挑战，在目前欠缺审查机制和好用工具的情况下，如何对人工智能和深度学习模型生成内容进行循证溯源和质量审查及控制必须引起重视。

2.5.2　应用能力拓展方法

综上分析，与经常需要持续更新的模型不同，深度学习可能更适合于问题比较复杂，构造模型的数据集很大且不会总要求变化的应用场景，这样一旦使用大规模数据集训练好模型便具有通用性和稳定性，能够在一定范围内长期使用。鉴于此，本书尝试提出了两种可以拓展深度学习应用能力的方法：

（1）面向特定领域的拓展方法。有的专业领域天生适合利用深度学习来解决问题，数据基础资源完善，且其主要技术已被透彻研究，可考虑着重以这些技术和领域为核心，或将多种技术强项结合起来，向相关领域进行扩展应用，进行跨学科领域交叉融合研究与实践。如生物医学领域，借助深度学习的首要强项之一图像识别技术，对医学图像进行扫描识别，可预测出肿瘤、癌症或诊断出其他疾病；还可借助其自然语言处理技术，对诊疗记录、临床试验等医学数据等进行深度挖掘，发现新的诊疗方案或建立医疗 AI 系统。此外，对于其他领域，如将图像识别技术和计算机视觉技术结合起来，非常适合进行智能机器人、自动驾驶方面的研究；如将自然语言处理、图像 / 视频识别技术结合起来，非常适合于数字传媒方面的广告生成、内容营销与产品推荐等。总的来说，是以该领域是否有图像或文字处理的需求出发实现纵向扩展，其综合策略如下。①领域数据的收集与准备：收集并准备与目标领域相关的大量数据，以便让模型学习到该领域的专业知识和术语。在数据准备的过程中，需要注意数据的质量和数据的平衡性，避免数据偏差或过拟合的情况。②模型架构的选择：针对不同领域，选择不同的深度学习语言模型架构，如Word2Vec、BERT、GPT等。同时，也可以通过添加特定领域的知识和任务来改进模型的表现，如Fine-tuning、Transfer Learning等方法。③领域专家的参与：领域专家可以为深度学习语言模型提供专业的领域知识，指导数据收集和准备，并对模型的结果进行验证和调整。通过与领域专家的密切合作，可以确保模型的应用效果更加准确和实用。④针对具体任务的优化：结合具体任务需求进行深度学习语言模型的调整和优化。比如，在文本分类任务中，可以使用分类器对模型进行进一步训练和优化，以提高分类准确率和效率。综上所述，面向特定领域拓展深度学习模型的应用能力需要全面考虑领域数据的收集与准备、模型架构的选择、领域专家的参与以及针对具体任务的优化等方面，以确保模型的数据来源更加可靠和安全，应用效果更加准确和实用。

（2）面向特征工程的拓展方法。特征工程是深度学习提高预测精度的决定性因素。若对原始数据（输入）和要预测的数据（输出）没有任何限制，也很难用深度学习达成某种目的。如对自然语言处理来说，一般使用稀疏向量结合N元语法作为特征来表示单词，若不使用含数字的单词向量作为特征显然在当前技术条件下是不合理的，也无法进一步执行训练计算。最重要的是，输入特征也应当在一定时间内是固定的或有限变化的，输出的分类模式也应是有限的，深度学习无法使用连续变化的数据去预测出可能是连续变化的结果，如无法用当天的股价走势预测出当天的股价涨跌。但可以对输入和输出任务进行分解，将深度学习模型应用于其前序任务，或将模型进行适当剪裁以适应实际特征。如可用截至今天的股价预测出明天的股价涨跌，甚至可通过调整输入和限制并细化分类结果，预测出其具体涨跌范围。此外，还需要掌握不同深度学习模型所适用的特征工程，如RNN和LSTM是专用于解决自然语言处理难题而研发的模型，非常擅长对时序数据进行特征学习，CNN是专用于图像处理的模型等，高质量的、可伸缩性强、可解释性强的特征工程能够显著提升模型预测性能、简化模型复杂度、降低模型维护成本等。

尽管，深度学习语言模型的训练一般不需要手动进行特征工程，因为它们通常可以通过对大量数据进行端到端学习，自动地学习到语言的各种特征。然而，对于一些特定的任务，仍然需要手动提取特征，以帮助深度学习语言模型更好地进行学习和应用。总的来说，本方法是指通过设计输入数据或调整输入的值来适配深度学习模型；或通过限制输出或调整预测问题来使基于深度学习的预测分类成为可能，其综合策略如下：①选择适当的特征：根据具体任务的需求选择适当的特征。比如，在舆情监测分析任务中，可以通过提取词袋模型中的特征，如单词、词组、情感词等，来进行特征提取。②特征预处理：对于一些文本特征，如单词、字符等，可能需要进行预处理，以提高模型的性能。具体如可以通过对单词进行词干提取、词形还原等操作，以减少单词形态的变化对模型带来的干扰。③特征选择：在一些情况下，特征过多可能会导致模型的过拟合问题。因此，需要使用特征选择技术来筛选出对目标变量影响最大的特征。比如，可以使用阈值过滤、正则化等方法对特征进行选择。④特征降维：一些高维特征可能会导致模型的运算复杂度增加，因此需要使用特征降维技术来减少特征的数量，同时保留重要的信息。比如，可以使用主成分分析 PCA、核函数等方法对高维特征进行降维处理。综上所述，面向特征工程拓展深度学习模型应用能力的方法策略包括选择适当的特征、特征预处理、特征选择以及特征降维等。这些方法策略可以帮助提高深度学习语言模型的性能和效率，使其更适合应用于特定的任务需求。

2.6　本章小结

通过本章，将系统深入地了解深度学习的主流理论技术和研究发展态势及初步掌握如何在实际应用中使用深度学习并提升解决相关问题的能力。首先，介绍了深度学习的产生背景和发展现状，重点对比分析了深度学习和其他 AI 方法的区别和联系；其次，对传统特征表示模型及局限性进行了优缺点对比分析，在此基础上，对深度学习的代表性特征学习算法模型 DBN、CNN、RNN、LSTM 的算法思想、模型架构、训练方法、应用场景分别进行了深入剖析；再次，对深度学习的主流开源工具框架进行了归纳分析，包括以 Word2Vec、GloVe 等为基础的词嵌入生成工具，以 TensorFlow、PyTorch 等为主流的深度学习开发框架，以 BERT、XLNet 为核心的深度学习预训练模型，以 ChatGPT 为代表的大规模语言模型等；又次，对 WOS 和 CNKI 中本体构建相关的深度学习研究案例进行了文献调研和统计分析，归纳总结了基于深度学习的领域本体构建研究的现状问题与待扩展空间；最后，对深度学习可能面临的挑战及问题进行了分析预测，并提出了两种拓展深度学习应用能力的方法，包括面向特定领域的方法和面向特征工程的方法。

第3章

领域本体深度学习语料的自动获取与预处理

3.1 相关工作基础与研究框架设计

无论是传统的机器学习还是当前的深度学习，无论是无监督学习还是有监督学习、增强学习或迁移学习等，所驱动的任务都是从给定语料集开始，挖掘到隐藏特征，预测未知模式结束。可见，语料集是机器自动化、智能化学习任务中首先的一环，其质量好坏也将影响着最终机器学习结果的好坏。对本书而言，领域本体深度学习语料，即领域本体深度学习的数据来源，是进行轻量级领域本体构建时必须系统考虑和预先准备好的基础知识资源。随着领域本体构建方法的不断演化发展，领域本体的数据来源、获取方式也在不断发生变化。在过去以大量领域专家参与为主的手工构建方法体系中，其数据来源一般是专家的“先验知识”或“主观认知”，获取方法也主要依赖专家或本体建设人员的人工判别和整理输出，时间和经济成本过高，严重限制了本体的可持续化发展。当智能化技术驱动的以自然语言处理和机器学习为主的自动化构建方法流行起来后，所需支撑的数据来源、类型、格式变得更加复杂，数据量也在不断增大，相应的也为数据精准获取与处理增加了难度，再完全依靠人工已不现实，因而也必须考虑其自动获取与预处理的方法。

前期调研发现，目前能够支持领域本体自动化学习构建的语料数据大致可分为三种：结构化的数据，如机器可读的已有本体、词典、词表、分类法、关系数据库表中的数据（如 Excel、CSV 等）、已经过语义标注处理的各种模板化、规则化的语料数据等；半结构化的数据，如 RDF、XML、OWL、DTD、嵌入了各种 RDFa 标记和 HTML 标签的 Web 文档等；非结构化的数据，主要是指常以 TXT 格式存储的无标签的纯文本。然而，我们经常能接触到的第一手数据大多为结构化和半结构化的数据，而深度学习方法所需要的数据格式一般为经过预处理的 TXT 纯文本格式，若是其他两种格式，最终也必须转化为纯文本格式备用。

综上所述，本章的主要研究目标是研究领域本体深度学习语料自动获取与预处理的核心方法和技术，主要研究内容包括多源异构领域语料的自动获取方法、领域基础知识词典的自动构建方法、领域文本的自动分词与新词发现方法等，为深度学习驱动的领域本体自动化构建研究奠定数据及数据处理技术基础。本章的主要研究框架如图 3.1 所示。

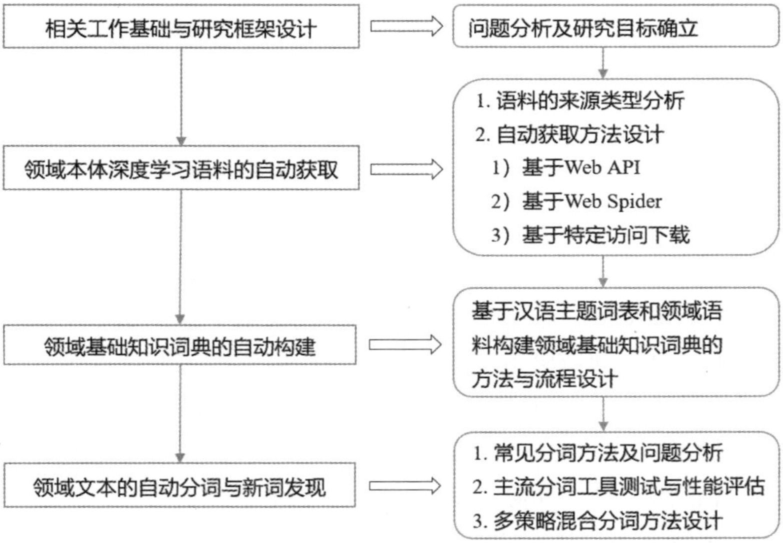

图3.1　领域本体深度学习语料的自动获取与预处理研究框架

Figure 3.1　Research Framework for Automatic Acquisition and Preprocessing of Domain Ontology Deep Learning Corpus

3.2　领域本体深度学习语料的自动获取

3.2.1　语料的不同类型、来源与作用分析

语料一般是指借助文献调研、文献计量、统计语言等手段科学采样，经过人工或计算机分析与加工处理而形成的大规模数字化文本库。语料是机器学习、自然语言处理等研究中都十分依赖的不可或缺的基础资源，机器学习相关模型的训练常依赖大量的语料作为输入。调研发现，根据研究目的和应用场景不同，语料一般可分为以下四种：

（1）通用语料，又常被称为异质语料，一般指没有特定收集原则和目的，没有领域和主题限制，而广泛收集存储的跨学科公共基础知识语料，如各种通用本体库、WordNet、HowNet、Wikipedia、百度百科语料等，可用于各种通用领域文本分析挖掘、文本分类聚类、文本资源搜索聚合等研究。

（2）领域语料，又常被称为同质语料，一般指具有领域、主题或内容结构限制，只收集存储相同领域主题或内容结构类型的语料，如各种专业词典、领域主题词表、领域叙词表等，可用于各种专业领域文本采集抽取、分析挖掘、分类聚类、语义标注研究等。

（3）系统语料，是指根据一个预先确立的原则和比例进行语料收集，使其具有一定的系统性、平衡性或不平衡性，能够在一定程度上代表某一范围内的事实特征。系统语料可直接通过科学手段原始采集获得，也可以在通用语料或领域语料基础上经过分层抽样、主题抽取等二次处理而获得。如深度学习和机器学习常需要预先准备好的阳性语料（正例样本集）与阴性语料（负例样本集），测试语料（测试集）、训练语料（训练集）、评估语料等，并需要满足一定的比例。

（4）专用语料，顾名思义，指专门为了某一特定用途而收集组织的语料或数据集等。如哈尔滨工业大学设计完成的具有 5 层编码结构表示的同义词词林扩展版语料等，专用于对通用领域的公共基础知识词汇进行同义语义扩展研究。如 2011 年，Baroni 等创建的 BLESS 数据集[119]，主要包含一些上位关系、共同下位关系、同义关系、部分—整体关系等一些语义关系词组，专用于对分布式语义学研究的语义相似度进行评估研究等。

此外，语料还可按照语种分为单语语料、双语语料（如中英文双语词典等）、多语语料等；按照组织形式可分为平行语料库，又称对齐语料库，主要用于双语词典编纂、机器翻译研究等；比较语料库，主要用于多语言特征对比研究等。如 2016 年，Lison 等从电影和电视字幕中翻译提取形成的大型多语言平行语料库 OpenSubtitles[120]，目前包含大约 62 种语言，1782 种双语文本，373 万多个文件，22G 的标记和 3G 的句子片段等。如 2019 年，由英国多位语言学家、计算机科学家、软件工程专家、自然语言处理研究人员等组成的工作组公开发布了 Sketch Engine 工具[121]，该工具包含 500 多个随时可用的基于 90 多种语言的语料库，每个语料库大小可达 300 亿个单词等，还提供了词汇编纂、词汇计算、术语提取等支持文本分析挖掘的应用程序和方法等。

3.2.2 多源异构领域语料的自动获取方法设计

综上研究，本书研究所涉及的语料类型主要包括领域语料、系统语料和专用语料，语料格式最终都需转化为不带 HTML 标签的纯文本。其中领域语料具体是指一旦选定了某主题 / 专题领域后，需根据该领域的本体构建需求及所覆盖的主题范围，预先遴选及确定合适的数据源，制定相应的主题 / 专题检索及采集策略（如文献数据库的集成 / 高级 / 专业检索、特定行业 / 专业网站或综合性网站的特定栏目地址等），以确保只获取和存储符合当前预设需求的数据资源信息。本书的领域语料主要作为基础语料，将贯穿整个深度学习研究的始终，包括领域基础知识词典的自动构建（3.3 小节）、领域文本的自动分词与新词发现（3.4 小节）、第 4 章轻量级领域本体概念的自动获取、第 5 章轻量级领域本体分类关系的自动识别等，都需要领域语料的支持。其中系统语料具体是指在领域语料的基础上，需进一步按一定的原则和需求进行抽样、标注、重组等，并使其满足一定的比例，如深度学习的训练集、测试集、评估集比例，常用的为 8∶1∶1 或 6∶2∶2，深度学习训练集中的正样本、负样本比例等，常跟使用的深度学习算法设定有关系。本书主要是在第 5 章领域本体分类关系的自动识别中，需要将领域语料按预设的本体分类体系进行分类标记，并按 8∶1∶1 的比例分配为训练集、测试集、评估集（详见 5.2.3 小节关于语料集的分类别均衡性分析及 5.4.1 的实验数据集获取环节）。其中专用语料，主要是指研究与实验过程中可能需要参考或利用到的一些具有特定语义关系或用途的规范化词表、数据集等。本书主要是在第 6 章轻量级领域本体非分类关系的自动识别中，用到了包含上下位关系、同义关系的汉语主题词表、WordNet 等。但从获取的方法和流程角度来研究，无论是哪种类型和结构的领域语料，其自动获取方法通常可分为以下三种：

3.2.2.1 基于 Web API 的科学文献领域语料自动获取

半结构化科学文献领域语料一般是指存储在大型科学文献数据库、机构知识库等中的论文、专利、项目、报告等的题名、摘要、关键词、主题词等元数据信息。这类语料的词汇受益于论文、专利、项目、报告等文献出版或公开过程中的同行评议和编辑审核机制，与以公众话题为主的网络开放领域语料相比，词汇格式更为标准规范，专业性和学术性更强，也是领域本体概念不可忽视的重要来源，并可为规范化领域本体概念提供专业知识依据。这类数据库一般会免费开放或向商业付费用户提供 Web API，允许用户按一定标准协议免费或基于口令授权后使用机器程序自动调用其 API 批量获取文献元数据信息。常见的 Web API 有 OAI-PMH、Web Services、Restful API 及一些自定义 API 等，采集到的原始数据流一般为 XML、JSON 等格式，因此还需要编写数据解析程序，使用如 Dom4j（XML API）、Fastjson（JSON API）等之类的组件库，根据相关节点元素含义从上述数据流中依次解析出所需要的元数据信息。具体流程如图 3.2 所示：

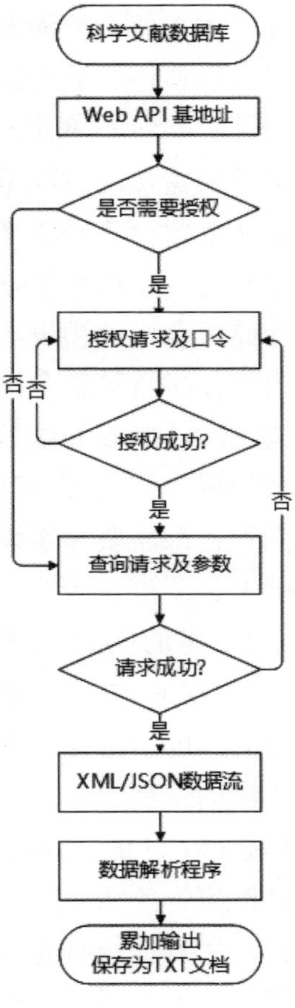

图3.2 基于Web API的科学文献领域语料自动获取框架

Figure 3.2 Acquisition Framework of Scientific Literature Corpus based on Web API

3.2.2.2 基于 Web Spider 的网络开放领域语料自动获取

半结构化网络开放领域语料一般是指以 HTML 格式公开发布在领域专业 / 主题网站、权威机构 / 新闻网站中的领域科技新闻、资讯、政策、观点等信息。这类语料一般具有词汇丰富、新颖、时效性强、覆盖范围广、更新速度快等特点，是领域热词、新词的发源地，可及时为领域本体概念扩充提供新的词汇来源和帮助探索发现新的领域语义关系。本书通过编写和设计 Web Spider，即网络爬虫来实现对该类领域语料的自动获取，该方法已在前期相关科技信息监测中得到了实际应用[122]。核心流程框架如图 3.3 所示，具体方法如下：

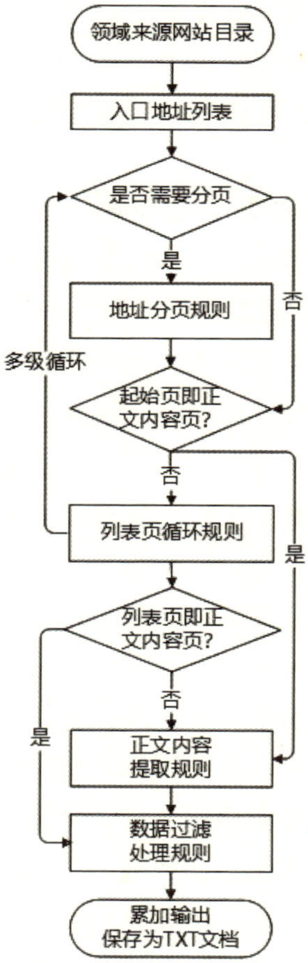

图3.3 基于Web Spider的网络开放领域语料自动获取框架

Figure 3.3 Acquisition Framework of Open Domain Corpus based on Web Spider

（1）调研与梳理待爬取领域来源网站目录，形成一个入口 URL 地址列表。

（2）设计采集规则流程 1：入口地址分页规则。该规则主要采用基于 URL 相似性规律的规则表示方法。前期研究发现，分页地址格式通常由固定前缀部分和可变参数部分组成，其中可变参数部分又常遵循 4 类规则：等差数列规则、等比数列规则、A–Z 或 a–z 字母变化规则、时间及分隔符组合格式规则。针对不同源应用该规则生成可变的入口地址分页规则的逻辑表达式进行分页请求。

（3）设计采集规则流程 2：列表页多级循环规则。该规则主要采用基于迭代循环和逐层链接访问的方法。其核心思想是将入口 URL 地址包括其分页地址视为 0 级网址，研究发现 0 级网址内应该至少包含一个列表页 1，而 1 级列表页内的每一个链接指向的页面内可能同样包含了列表页 2，依次迭代，最终列表页内的链接必定将指向一个正文内容页。这个迭代循环的次数，就是实际采集的深度，理论上可以无限迭代。但常见领域新闻资讯类一般为 2 级采集，即 1 级列表页内包含的链接可以直接指向正文内容页，我们需要的有价值的领域语料一般包含在正文内容页中。

（4）设计采集规则流程 3：正文内容提取规则。该规则主要采用基于正则表达式的内容标签模板匹配方法和基于启发式规则的文本密度判定方法。前者主要适用于来源领域网站正文内容页结构相对简单固定，标签结构等级鲜明，待采集语料内容一般包含在一个特定的标签对组件之间的情况，如 <div class="content">*</div> 或 <article>*</article> 此类等。可将标签对作为模板，待提取的信息作为参数，构造正则表达式进行参数搜索与模式匹配提取。后者主要适用于来源领域网站正文内容页结构灵活多变，待采集语料内容并非只固定包含在一个可以事先准确预知的位置的情况。其核心思想是研究发现有效文本密度一般应高出噪声文本部分很多，其所在位置应是节点连续的、文字稠密的，基于这一文本特征，采用启发式规则算法去统计分析整个页面的所有节点及文字并计算其密度，自动提取并组合其中包含最多文字的连续节点作为采集结果内容。两者相比，前者采集定位及采集结果可能更准确，但需要介入较多人工预先去获悉每一个来源网站的正文内容页源码并根据具体内容标签组件构造正则表达式；后者采集定位是来源、结构、标签无关的，也不需要人工干预，可全自动执行提取，但可能会在某些特殊场景下存在采集结果不准确的问题，如恰好噪声文本也包含在一个具有较多文字的连续节点内，则会误将噪声文本也归入采集结果中。具体应用时，可根据实际情况，将两者分别使用或结合起来配置使用。

（5）设计采集规则流程 4：数据过滤处理规则。由于最终需要的语料是纯文本的不含任何格式的，因此需要对初始采集到的内容进行过滤处理。首先是对内容中的样式标签进行全过滤处理，包括 form 表单、frame 框架、style 样式、script 脚本等各种 HTML 标签，各种特殊字符及其转义字符等。其次还需要对内容进行编码统一转换，否则会因编码不一致导致各种乱码问题而影响下一步读取使用。常见的网页内容编码类型有 GB2312、GBK、Unicode、URL 转义、UTF8 编码等，本书将其统一转换为 UTF8 编码格式输出。

（6）将得到的无格式的内容文本累加输出并保存在同一个 TXT 文档中。

此外，还可以利用该方法，将网络开放搜索引擎如百度、必应等作为入口地址，根据事先遴选的一些领域关键词进行垂直搜索爬取，以扩大领域语料来源。

3.2.2.3　基于特定访问下载的专用领域语料自动获取

除上述必需的领域语料之外，在研究中可能还需要一些其他语料作参考、对比、测试、评估和数据处理等，这类语料一般是相关同行研究人员或研究机构在以往研究试验中打造或积累的词汇表、样本集、训练集、测试集、评估集、基准集等，很多可能是已经过大量人工或机器特定处理的已标注的或具有特定类型 / 关系 / 属性的数据集，因而具有较高的参考应用价值。如 Wikipedia、WordNet、《人民日报》标注语料 FPR、哈工大的同义词词林扩展集、语义关系库 BLESS、微软概念图谱为短文本理解构造的 Probase 等。但这类语料一般没有固定的获取位置，可根据相关研究论文中标注的数据来源链接地址去访问下载或根据搜索引擎搜索后下载。此外，还有一些综合开放的在线语料库集成系统，国内的如北京大学中国语言学研究中心的语料库 CCL PKU、中国科学院自动化研究所的中文语言资源联盟 CLDC、北京语言大学语料库中心 BCC、国家语委教育部语言文字应用研究所的语料库在线 CNCORPUS 等，国外的如英国国家语料库 BNC、美国国家语料库 ANC、英国牛津大学的兰开斯特语料库 LCMC、欧盟委员会第七框架计划资助的 EuroMatrix 项目产出的欧盟议会诉讼平行语料库 EPPPC 等。这些语料库均提供相应语料的在线浏览、检索、下载等功能。

3.3 领域基础知识词典的自动构建

如果说领域语料是本研究不可或缺的基础资源，那么领域基础知识词典就是基础中的基础。首先是因为直接从在线开放网络或文献数据库中采集获取到的纯文本领域语料并不能直接用于深度学习模型的训练和构建，还必须经过一系列分词处理，而领域基础知识词典中常包含大量已得到认可的具有一定规范性的领域种子概念和基础词汇，可为领域语料的分词处理提供重要的参考依据和词典工具，促使更多的领域词汇可以被规范化处理和被正确识别出来。其次，目前即使是最先进的分词工具和方法在对领域语料进行分词时，由于领域术语词汇的专业性与独特性，也可能会出现误拆与错分，领域基础知识词典的加入将有利于提高分词工具对领域语料分词处理的准确率。此外，在领域文本特征词嵌入模型的自动训练与生成阶段，还可以考虑将领域基础知识词典与经过分词的初始领域语料一起构成新的领域语料，作为模型训练的输入语料，以扩充模型的训练样本集和提高模型训练的精度。

由于领域基础知识词典中的词汇应是标准的规范的，且应尽量能够覆盖和表达所研究领域的重要概念和术语，以往的领域基础知识词典主要依靠大量领域专家或相关人员费时费力手工整理创建或长久积累而成，因而其规模、结构、覆盖范围、质量也参差不齐，且并非所有的研究领域都已具备领域基础词典。后来，随着领域主题词表、叙词表、本体的研究众多，它们中的概念术语和语义关系也已成为构建领域基础知识词典的重要来源。目前，由中国科学技术信息研究所从 1980 年（开始和探索阶段）到 2009 年（正式立项）到 2017 年（完成）耗费 30 余年编制的，被誉为中国第一部大型综合性中英双语叙词表的《汉语主题词表》，已囊括了自然科学、工程技术、生命科学和社会科学领域的文献关键词、专业术语、百科全书、叙词表等丰富的词汇资源 500 万余条，同时又按照不同具体学科如数学、物理学、化学、天文学、海洋学等对词汇进行了特征详细分类与组织，使得既可以按词汇语义关系分类获取数据又可以按文献学科分类获取数据，并且提供了基于 Web 的概念智能检索、自动主题标引、自动关系标注、自动语义关联等在线服务。本研究拟以《汉语主题词表》及其提供的分类数据获取服务为依托，并结合所研究领域的科学文献作者关键词等，快速自动构建领域基础知识词典，以解决领域基础词典缺乏问题和为后续研究奠定基础[123]。主要构建方法如下：

（1）对所研究的领域进行文献调研或专家咨询，遴选出一些核心领域主题词或关键词，构成专业检索式，基于 Web API 从科学文献数据库中自动批量获取文献元数据信息，具体方法流程同 3.2.2.1 小节。

（2）对获取到文献元数据信息，依次提取作者中文关键词和英文关键词字段，一篇文献的多个关键词也按标记拆开存储，并计算每一个关键词出现的频率，将结果去重后首先存储在预定义的关系数据库表中，行结构格式为 <ID，中文关键词名称，英文关键词名称，词频>。同时，对该表进行统计分析，将可能存在的一些过于通用的没有实际领域意义的或解析错误导致乱码的关键词进行预先过滤删除，如“研究”“意义”“方法”“进展”“结果表明”等；数值型词汇如“2017 年”“三十年”“近十年”“0.87”“%10”等。

（3）考虑将上表中的初始领域文献关键词与从《汉语主题词表》中对应领域的词汇分类与文献学科分类中获取到的词汇数据进行匹配和余弦相似性计算，将能够完全匹配或余弦相似性比较高且接近某个阈值（如 0.90 及以上）的词汇按词表中的词汇规范及分类关系进行自动机器标注与关系标引；对无法匹配到或相似性比较低的词视为新词，暂时不做其他处理，作为原子词存在。

（4）基于标引结果对上表进行扩充，行结构格式为 <ID，规范中文关键词名称，规范英文关键词名称，词频，优选词项 Y，代项 D，上

位词项 S，下位词项 F，相关词项 C ，族首词项 Z>，其中新增的标记字段都是来自《汉语主题词表》的标引规范。如优选词项 Y 表示的是该学科领域文献中比较通用的权威的新颖的词，通常是指全称、新称、学名、泛指词等规范名称，而代项 D 与优选词项 Y 相对，指的是简称、旧称、音译名称、俗称、专指词等不太规范的名称变体。族首词项 Z 表示的是优选词项 Y 所属的更广泛的上位概念项，如“渤海海域”的族首词项 Z 一般为“中国海”或“海域”。

（5）其中步骤 3 和步骤 4 的语义扩充步骤若实际情况不允许也可以跳过。最终得到的关系数据表即一个与所研究领域关联度较高的小型领域基础知识词典，可在后续研究中根据需要进行格式输出与生成。

3.4 领域文本的自动分词与新词发现

3.4.1 常见分词方法及应用问题分析

直接采集获取到的纯文本语料并不能直接作为深度学习模型的输入，还必须经过一系列分词处理过程，如分词、词性标注、命名实体识别、新词发现等，分词的准确与否会直接影响下一步词嵌入模型的训练生成精度高低。分词是指基于一定的语法规则将原本连续的字序列再次拆分与组合形成新的词序列的过程。虽然英文文本也存在着一元词组、二元词组、三元词组等 N-Gram 词组切分问题，但由于英文单词之间已有空格作为天然分隔符，在常规的研究应用中，英文文本即使不分词也能够直接作为机器学习的输入语料使用，并取得不错的效果。而中文文本的词与词之间并没有显式的分隔符，且词组之间的划分边界模糊，还会因为专业领域差异和上下文语境不同而存在同一词组的不同划分方法，因而中文分词一直是研究的重点和难点。

目前常见的中文分词方法有基于词典匹配（字符串匹配）的方法、

基于语言学规则的方法、基于统计学习（传统机器学习）/深度学习的方法等[124]。基于词典匹配的方法又常被称为机械分词法，是指按照一定的特征扫描策略或标志切分策略，将语料切分成一定长度的字符串并与一个理论上可以无限大的机器词典中的词汇进行匹配识别的过程，常用的扫描匹配策略有正向最大匹配法（左→右）、逆向最大匹配法（右→左）、双向最大匹配法（先左→右，再右→左）、最小切分法等。该方法分词的精度低且需要大规模的机器词典做基础，通常只是作为一种辅助手段使用。基于语言学规则的方法是指借助机器程序模拟人对自然语言的理解判断过程，期望通过对语法、句法和语义进行规则分析和消歧而实现分词的方法。该方法需要大量语言学知识作基础，且对单一语言的依赖性强，还不具有良好的通用性，因而目前多处于试验阶段并没有流行开来。基于统计学习/深度学习的方法是指将词频统计、共现概率计算等方法和机器学习的方法结合起来，训练机器学习模型以实现分词的过程。如基于隐马尔可夫模型 HMM 的方法、基于条件随机场模型 CRF 的方法、基于神经网络语言模型 NNLM 的方法、基于深度学习模型 CNN-CRF/BLSTM-CRF 的分词方法等[125][126]。目前基于统计学习/深度学习的方法是最常用的方法，常和基于词典匹配的方法一起构成了主流方法以综合处理分词中可能遇到的各种问题。

3.4.2 开源分词工具测试与性能评估

目前国内外也已经有一些成型的开源中文分词组件工具，如 Stanford CoreNLP、NLPIR、THULAC、LTP、HanLP、ANSJ、Jieba 等，基本支持中文分词、词性标注、命名实体识别、关键词/摘要提取、依存句法分析、文本聚类/分类等功能，支持自定义词典分词，有的还提供 Http(s) API，支持直接在线调用相关分词服务或自行训练相关分词模型。本书对上述分词工具的主要支持语言及分词方法/模型进行了调研梳理，如表 3.1 所示：

表 3.1　几种主流开源分词工具

Table 3.1 Several Popular Open Source Word Segmentation Tools

工具名称	研发机构	支持语言	主要分词方法 / 模型
CoreNLP	美国斯坦福大学	Java Python	CRF 模型：构建特征模板，求最大联合概率分布
NLPIR	北京理工大学大数据搜索与挖掘实验室	Java C++ C#	HMM–Bigram：二元切分词图
THULAC	清华大学自然语言处理与社会人文计算实验室	Java Python C++	结构化感知机模型 SP：最大熵准则构建评分函数，双数组 Trie 树存储特征，Viterbi 算法求解
LTP	哈尔滨工业大学社会计算与信息检索研究中心	Java Python C++ C#	结构化感知机模型 SP：最大熵准则构建评分函数，HashMap 存储特征，Viterbi 算法求解 提供 Https API 在线训练分词模型
HanLP	上海林原信息科技有限公司	Java Python	HMM–Bigram：最短路径分词、N– 最短路径分词 由字构词：结构化感知机 SP 分词、CRF 分词 极速词典分词：Aho Corasick 自动机，双数组 Trie 树多模式匹配
ANSJ	个人 （孙健，ansjsun）	Java	HMM–Bigram：双数组 Trie 树 DAT 存储特征，邻接表实现分词 DAG 提供 Http API 在线分词服务
Jieba	个人（fxsjy）	Python Java	HMM–Unigram：双 dict 分别存储 Trie 树和词及词频，Dict 实现分词 DAG，动态规划 DP 求解

同时，为了选出性能最佳的分词方法与工具，本书还对上述分词工具依次进行安装、测试和性能评估比较，主要采用 64 位 Windows10 操作系统、Intel(R) Core i7–7700 CPU @ 3.60 GHz 处理器，64 GB 内存作为安装测试环境，第二届国际中文分词比赛（SIGHAN Bakeoff 2005）提供

的经典开源标准测评语料库 icwb2-data[127] 为测试数据集，自动评分脚本 score 为测试标准和方法。具体测试和评分过程如下：

（1）首先对各分词工具进行下载、安装及所依赖的数据词典、分词模型、其他组件库、系统环境的准备与配置，主要使用当前最新开源的 Java 版本。

（2）编写 Java 程序，对各工具的核心分词方法模型进行分词训练测试。有的分词工具只有一种分词模式，有的还支持多种分词模式，如标准分词、索引分词（全模式）、词典分词（自带核心词典，用户自定义词典）、HMM 分词（最短路径分词，N- 最短路径分词）、CRF 分词、SP 分词等，主要测试的是其支持自然语言处理、命名实体识别、未登录词（新词）识别等的 HMM、CRF、SP 分词方法。如 NLPIR 测试的是 ParagraphProcess 方法，THULAC 是分词模型 Model_1，LTP 是分词模型 CWS Model，HanLP 是 NLPTokenizer 方法，ANSJ 是 NlpAnalysis 方法，Jieba 是开启了 HMM 模型的精确模式等。

（3）分别使用 icwb2-data 中微软研究院和北京大学提供的简体中文 UTF-8 编码测试集 msr_test.utf8 和 pku_test.uf8 作为输入语料各进行了两轮测试。研究发现，可能受计算机自身的性能影响，同一轮测试中，即使使用相同语料、相同工具、相同方法，多次执行结果的时间还是有一定差异的。为了缩小这种差异，在同一轮中，本书对相同语料、相同工具、相同方法至少重复 3 次测试，将时间耗费最少的批次时间作为测试的最终分词速率，分词结果作为最终训练集。

（4）调用 icwb2-data 的评分脚本 score，将各工具得到的最终训练集，分别与 icwb2-data 中微软研究院提供的简体中文 UTF-8 编码黄金标准分词词典 msr_training_words.utf8 与黄金标准测试集 msr_test_gold.utf8，相应的北京大学的黄金标准 pku_training_words.utf8 和 pku_test_gold.utf8 一起作为参数输入，执行命令，获得最终评分结果。主要命令格式为：

./score 黄金标准分词词典 黄金标准测试集 工具训练集 > 评分结果 .txt

（5）评分结果展示与对比分析。其中 R 表示召回率（Recall），P 表示准确率（Precision），F 表示 F-Measure，是 P 和 R 的加权调和平均，常用的是1阶加权。F1综合考虑了P和R的结果，因而F1值越高一般表明方法模型性能越好。T表示分词速率（Time），单位已转换为秒（s）。OOVR表示未登录词召回率（Out Of Vocabulary Recall），IVR表示登录词召回率（In Vocabulary Recall）。OOVR值越高，表示对新词的识别发现能力越强。在微软研究院MSR数据集（548 KB，184358字符）上的测试结果，如表3.2所示。在北京大学PKU数据集（498 KB，172733字符）上的测试结果，如表3.3所示。

表3.2　几种分词工具在MSR数据集上的评分结果

Table 3.3　Scores of Several Word Segmentation Tools on MSR Datasets

Tools	R	P	F1	T	OOVR	IVR
CoreNLP 3.9.1	0.859	0.822	0.840	76.692	0.452	0.870
NLPIR 2016	0.914	0.868	0.890	2.568	0.407	0.927
Thulac4j 3.1.2	0.895	0.862	0.878	0.953	0.457	0.907
Ltp4j 3.4.0	0.899	0.868	0.883	722.19	0.466	0.911
HanLP 1.7.3	0.827	0.865	0.846	4.236	0.615	0.833
Ansj 5.1.6	0.819	0.871	0.844	5.77	0.582	0.825
Jieba 0.39	0.812	0.817	0.815	0.869	0.449	0.822

表3.3　几种分词工具在PKU数据集上的评分结果

Table 3.3　Scores of Several Word Segmentation Tools on PKU Datasets

Tools	R	P	F1	T	OOVR	IVR
CoreNLP 3.9.1	0.894	0.901	0.897	75.203	0.778	0.901
NLPIR 2016	0.944	0.939	0.942	1.575	0.702	0.959
Thulac4j 3.1.2	0.938	0.951	0.944	0.914	0.775	0.948
Ltp4j 3.4.0	0.946	0.960	0.953	351.28	0.831	0.953
HanLP 1.7.3	0.811	0.892	0.849	4.027	0.623	0.822
Ansj 5.1.6	0.785	0.879	0.829	4.526	0.602	0.796
Jieba 0.39	0.787	0.853	0.818	0.864	0.583	0.799

从测试结果可以看出，在召回率、准确率、F度量方面，NLPIR、

LTP、THULAC、CoreNLP、HanLP 都比较高，其中最高的是 NLPIR，其次是 LTP 和 THULAC，再次是 CoreNLP 和 HanLP。在对登录词和未登录词的召回方面，最高的是 LTP，其次是 THULAC 和 CoreNLP，再次是 NLPIR 和 HanLP。各工具两次实验的评分排名有一定波动，是由于 MSR 和 PKU 提供的黄金标准分词词典本身也有一定差异，MSR 中大多是由命名实体构成的长单词，粒度比较粗，PKU 恰好相反，粒度比较细，包括甚至将人的姓和名都拆分开的短单词。因而，通过进一步实验对比发现，NLPIR、LTP、CoreNLP、THULAC 的分词粒度比较细，HanLP 的分词粒度比较大，因而 HanLP 在对命名实体识别方面具有较大优势。如"张三正在学习自然语言处理技术"一句，NLPIR、LTP、CoreNLP、THULAC 会将专有名词"自然语言处理 /nz"拆分为"自然 /n""语言 /n""处理 /v"三个词，而 HanLP 则成功识别。总体来看，HMM 相关的分词模型本质上是基于 DAG 图的词生成模型，速度与精度平衡，整体性能更佳，但对于未登录词的识别能力较差，比较适合于一般快速分词和关键词提取任务。SP 或 CRF 相关的分词模型是基于特征的判别模型，通常需要由大型语料库训练出的模型作为支撑，更侧重于精度，对命名实体和未登录词的识别发现能力更好，但计算开销大，分词速度较慢，更适合于 NLP 预处理任务。

3.4.3 多策略混合的自动分词与新词发现方法设计

从上述研究实验已发现，不同的分词方法模型各有优劣，并没有各方面完胜的工具存在。因此，本书从分词的精度，对命名实体、新词的识别能力，核心分词算法模型的开源和可扩展程度综合考量，最终选择以 HanLP 工具为基础，尝试将一些分词方法模型的优点结合起来，提出了基于多策略混合的自动分词方法。

本方法主要是基于 HanLP 中提供的由字构词的结构化感知机（Structured Perceptron, SP）分词模型及标注框架 [128] 进行扩展实现。HanLP 将传统的以线性二分类标签形式为基础的感知机模型拓展到 BMES 多分类标签形式（其中：B 表示 Begin，词首；M 表示 Middle，词中；

E 表示 End，词尾；S 表示 Single，单字词），基于层叠 HMM–Bigram 算法计算多标签之间的转移概率作为转移特征，并结合多种预定义状态特征进行字符特征提取，最后使用改进的 Viterbi 搜索算法进行分类求解以实现分词。目前，HanLP 提供的 SP 基础词法分析模型是训练自将近一亿字的大型综合性中文语料库，是当前已知范围内最大的中文分词模型之一，已具有较高的精度。同时，为了使基础模型能够具有自我革新能力以快速适应新的生产领域和新的术语变化，避免因语料狭小或陈旧而导致的识别遗漏或错误问题，HanLP 还提供了带有 Train 接口和 Learn 接口的 SP 序列化标注框架，支持用户按要求格式自定义领域语料，自行独立训练新分词模型（Train 接口）或在原有模型的基础上实现在线学习新知识和增量训练模型（Learn 接口），并支持模型的序列化压缩与持久化保存。此外，HanLP 还支持用户自定义词典分词，用户只需通过简单的追加配置即可实现词典的全局加载，并支持基于双数组 Trie 树构建 Aho Corasick 自动机以实现与词典的多模式极速匹配。

因而，首先，本书将应用 HanLP 的 SP 基础分词模型对 3.2 章节获取到的领域纯文本语料进行命名实体识别和新词发现，将得到的词与 3.3 章节构建的领域基础知识词典进行匹配比对，将匹配不到的词作为新词补充进词典，实现词典的扩充。随后，将词典按 HanLP 要求的格式输出和追加配置到 HanLP 文件路径中，作为全局自定义词典备用。其次，使用 SP 基础分词模型的词性标注功能，将词典中的词再一次按 SP 框架要求格式标注并生成 txt 文档：①词与词性之间须用英文斜杠“/”分隔，所有词及标点符号都必须标注词性；②词与词之间须用空格分隔；③支持用英文方框“[ ]”将多个单词预处理合并为复合词，如 [深度 /n 学习 /vn]/nz。接着将 txt 文档作为输入，调用 SP 序列化标注框架的在线学习 Learn 接口，实现 SP 基础分词模型的增量训练，以获得模型的泛化能力。最后，以泛化后的新 SP 模型为基础，加载自定义词典，除了 3.2 章节自定义的领域基础知识词典外，还可以加入机构名词典、人名词典、地名词典、现代汉语词典等，结合调用多模式极速匹配词典分词方法和 SP 分词方法实现对 3.2 章节的领域纯文本语料的自动分词。同时，在分词过程中，还可通过词性识别与句法分析，并结合同义词词典、停用词词典、特殊字符词典等对常见同义词、停用词、标点符号及特殊符号等进行替换或滤除。如果是英文语料，还要考虑对单词中字母大小写、一些单复数形式进行词干提取和词型还原的统一规范化处理等。

3.5　本章小结

语料集是深度学习任务的初始化输入数据类型，是领域本体自动化构建研究必须预先准备好的基础知识资源。本章重点研究了领域本体深度学习语料的自动获取与预处理的核心方法和技术，旨在为下一章研究试验提供可靠的数据及良好的数据处理技术基础。主要内容有：提出了多源异构领域语料的自动获取方法，包括基于 Web API 的半结构化科学文献领域语料、基于 Web Spider 的半结构化网络开放领域语料、基于特定访问下载的专用领域语料的自动获取等；提出了领域基础知识词典的自动构建方法，设计了基于汉语主题词表和领域语料构建特定主题领域基础知识词典的核心方法与流程；对主流开源分词工具进行了安装测试与性能对比评估，提出了基于多策略混合的领域文本自动分词与新词发现方法。

第 4 章

轻量级领域本体概念的自动获取

4.1 相关工作基础与研究框架设计

4.1.1 传统概念获取方法及问题分析

领域概念一般是指能够代表某专业、主题、领域知识重要的相关术语词汇集合，又可细分为实体概念和属性概念。实体概念是指反映对象或事物本身含义的概念，是一种上层概念，一般由具体名词来表达。属性概念，与实体概念相对，是指反映对象或事物的某种性质或特征的概念，是一种抽象概念，一般由抽象名词或形容词来表达。例如“人”“机构”都是一些顶级 / 通用实体概念，而“人”的属性概念有“姓名”“年龄”“性别”“爱好”等。“机构”的属性概念有“机构名称”“机构性质”“机构地址”“所属国家”等。从本体论的角度来看，领域概念是构成轻量级领域本体的必不可少的基础要素，是轻量级领域本体标引领域知识要点和表征领域知识分布及其共性特征的重要体现。因而实现领域本体概念的自动获取是轻量级领域本体自动构建的首要任务和基础工作 [129]。

传统的领域本体概念获取方法有基于模式规则的方法、基于统计分析的方法、多种策略混合的方法等，但都存在相应不足：

基于模式规则的方法 [130–133] 常依赖人工进行浅层语法分析或领域词典构建模式规则进行概念识别与抽取，对特定语言的词典、标注语料库、语法库等先决资源条件依赖性大，存在规则维护 / 更新 / 扩展困难，应用范围有限，可移植性差等问题，尤其对一些新兴词汇、非正式句子、缩写短语、词典中没有的专业术语等识别较差，准确率和召回率低，因而无法大规模地应用于概念识别。

基于统计分析的方法 [134–137] 一般是对大量领域文本数据进行统计分析，将满足统计阈值或条件的字符串序列作为领域概念，常用的统计方法有词频统计、TF-IDF、信息熵、互信息计算等，但该方法存在计算量大，常遗漏低频词，常忽略或缺乏上下文语义分析等问题，因而识别的准确率一直有待提高。

为了突破上述局限，随着机器学习和自然语言处理技术的推动，后来的大多数研究开始将领域本体概念获取问题规范化表述为概念抽取（Concept Extraction, CE）或术语抽取（Term Extraction, TE），并归入为一种序列标记的命名实体识别（Named Entity Recognition, NER）问题，主要采用的就是各种半监督和监督方式混合的机器学习算法策略及其变体等，聚焦于从领域文本中半自动或自动地获得领域依赖的属性、专门的文本特征、上下文语义信息等以解决上述问题。常见的混合策略方法有如将层叠条件随机场 CRF、支持向量机 SVM 算法及几种模式匹配规则结合起来构建的混合模型等 [138-141]；如将基于独热编码词特征表示方法的布朗聚类技术和隐马尔可夫模型 HMM 结合起来实现对未标记语料库的无监督特征表示模型等 [142,143]；如将分布式词特征表示方法和随机索引模型结合起来，借助或直接将 Wikipedia、WordNet、ConceptNet、HowNet、百度百科等的部分文本语料训练生成词嵌入模型以改善概念提取性能 [144,145]。这些混合的策略方法常能够最大限度地减少依赖词汇查找的计算量，并逐步开始能够部分考虑利用上下文语义信息进行领域文本分析，一定程度上提高了识别的准确率和召回率。但传统的机器学习方法本质上仍是遵循领域特定的特征工程和分类两个步骤，仍属于高度专用的手工制作系统范畴且需要劳动密集型的专家知识才能实施，需要大量的“经验”（专家知识）和“运气”（人工选取并获得最优特征的过程随机、难以复制且不可控）作为基础，因而难以大规模流行应用起来，自动精准识别领域本体中的概念仍是一项极具挑战意义的研究任务。

4.1.2 概念自动获取的研究框架设计

近年来，尤其是 2012 年以来，在更广泛的机器学习领域，深度学习的出现和深度神经网络的激增，在计算机视觉、图像 / 语音识别和自然语言处理任务中已取得了前所未有的进展和成果。但在相关扩展任务如领域本体的构建研究中，由于很多领域缺乏大量规范文本、标注语料、基础本体或词库等领域基础资源条件，深度学习的研究应用目前仍主要集中在生物医学领域和通用领域，在其他领域的研究应用还非常少。深度学习的主要优点是能够使用现成的或衍生的各种深度神经网络特征表示模型或算法从领域文本中自动学习特征，从而避免了繁重且耗时的特征工程，且学习特征的过程是人工、领域、语言非依赖性的，是充分利用和嵌入了上下文依赖的语义信息的，因而可移植、可重用、可扩展性也强。

为了有效扩展深度学习的研究应用领域，充分获得上述这些有希望的结果，本章的主要研究目标就是研究并打通基于深度学习的轻量级领域本体概念自动获取的核心方法和关键流程，以提升领域本体概念自动获取的效率与精度。本章将着重研究提出以 Word2Vec 词嵌入模型和 Skip-gram 算法为基础训练生成的无监督词嵌入作为领域文本的初始化特征输入，通过联合改进经典的深度学习算法长短期记忆网络 LSTM 和条件随机场算法 CRF 设计和构建了基于自注意力机制的 BLSTM-CRF 领域本体概念自动抽取的深度学习算法模型，并进行实验验证、模型评估与结果分析。本章的主要研究内容框架如图 4.1 所示：

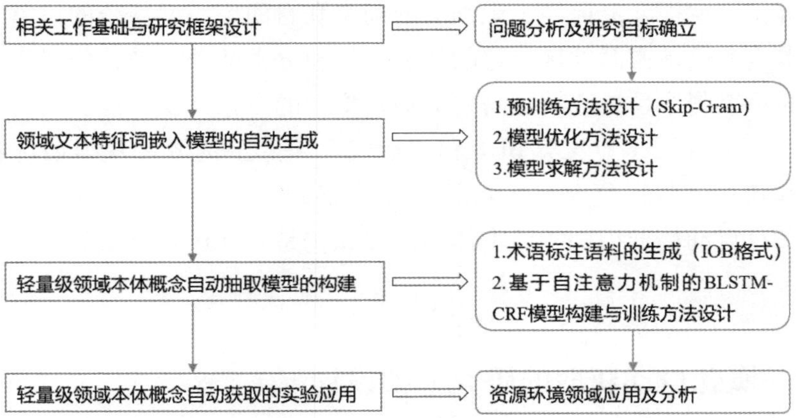

图4.1 基于深度学习的轻量级领域本体概念自动获取研究框架
Figure 4.1 Research Framework for Automatic Acquisition of Lightweight Domain Ontology Concepts based on Deep Learning

4.2 领域文本特征词嵌入模型的自动生成

4.2.1 几种主流词嵌入模型的对比分析

词嵌入是指利用自然语言处理的方法将文本中的单词转换和表示为连续的密集的向量，并能够保留和体现文本中词汇之间的语义和句法的相似性等特征。直白地讲，正是有了词嵌入模型，才能把现实世界中抽象存在的文字自动转换成机器可以直接理解并通过各种数学算法和公式进行操作的向量。因而，目前，词嵌入是当前技术条件下深度学习网络最主要的最直接的初始化预输入数据形式，词嵌入模型的预训练生成已成为深度学习相关研究必须首先解决的关键任务之一，常被称为上游任务。另一个关键任务是对词向量的具体操作应用，则又常被称为下游任务，将放在 4.3 章节中具体讲述。

实际上，在本书的第 2.3 章节中已概述过，以 2013 年谷歌首次公开发布 Word2Vec 模型引起热烈关注和广泛研究应用作为开端，近年来已有大量不同的词嵌入算法模型相继被开源提供，如 GloVe、ELMo、BERT、XLNet 等。本章节首先对上述几种主流词嵌入模型进行对比分析，如表 4.1 所示：

表 4.1 几种主流词嵌入模型对比分析

Table 4.1 Comparative Analysis of Several Popular Word Embedding Models

模型(年份)	上下文	预训练方法	预测目标	下游任务	采样算法	向量级别
Word2Vec (2013)	浅相关	CBOW/Skip-Gram	相邻词	需要编码	词级负采样	词级
GloVe (2014)	浅相关	全局词频统计&共现概率矩阵	相邻词	需要编码	词级负采样	词级

续表

模型(年份)	上下文	预训练方法	预测目标	下游任务	采样算法	向量级别
ELMo (2018)	深相关	BLSTM	相邻词	需要每层设置参数	无负采样	词级
BERT (2018)	无视方向和距离相关	Transformer	遮蔽词	多层感知器/线性分类器	短句子级负采样	句子级
XLNet (2019)	无视方向和距离相关	Transformer-XL&自回归模型	因式分解	多层感知器/线性分类器	长句子级负采样	句子级

对比分析发现，从 Word2Vec、GloVe 到 ELMo 再到 BERT、XLNet，实质是一个预训练编码由上下文浅相关的静态词级向量到上下文深度相关的动态句子级向量的演变过程，并且将下游任务的操作逐渐转移和封装到预训练词嵌入模型的上游任务过程中去，使得下游任务的调用和实现更简单，不再需要特别复杂的编码，只需要微调参数并在预训练模型上增加一个简单的多层感知器或线性分类器即可实现多种分类预测任务。前期调研还发现，目前应用比较广泛的词嵌入模型为 Word2Vec 和 BERT，但是适用场景不同。其中 Word2Vec 比较适合于词级任务，且对词在文本中的顺序要求不高甚至是可以忽略的下游任务场合，如主题相关度判定、语义关系编码、文本特征聚类等。而 BERT 比较适合于句子级任务且对词的句序、句法和语义要求比较高的下游任务场合，如命名实体识别、文本分类、情感计算、自动问答、机器翻译等。此外，有许多相关研究应用已证明了 Word2Vec 的良好性能，如 Yoon Kim[146] 利用 Word2Vec 预训练新闻词嵌入作为卷积神经网络的输入用于句子分类任务，在多个基准集上取得了优异结果；如 Zheng Yu 等 [147] 利用 Word2Vec 预训练术语嵌入来编码上下位关系属性，学习到的术语嵌入不依赖领域且比其他嵌入具有更高的准确性。鉴于此，本章节将以 Word2Vec 相关的算法模型为基础进行训练与微调以实现领域文本特征词嵌入模型的自动训练生成。

4.2.2 基于 Word2Vec 的词嵌入模型训练与优化

4.2.2.1 预训练方法：Skip-Gram 模型

为了使学习到的词嵌入能够有效地捕捉到低运行时复杂度下单词之间的语义关系，Word2Vec 的首创者 Tomas Mikolov 等主要设计提出了两种预训练模型：CBOW 和 Skip-Gram。CBOW 模型训练时的初始化输入是目标特征词对应的上下文相关词的词向量，输出是目标特征词的词向量。Skip-Gram 模型与 CBOW 模型的预训练测策略正好相反，初始化输入是目标特征词的词向量，输出是目标特征词对应的上下文相关词的词向量。如下面一段英文文本，若将上下文预测窗口大小设置为 4，并假设当前训练输入的目标特征词为 W_t，则对应的上下文词应是该词前后的各 4 个词，如图 4.2 所示。若是中文文本，则需要如本书第 3.4 章节所述，先分词，并去除停用词、一些自定义词及特殊符号后才能作为预测输入，如图 4.3 所示。

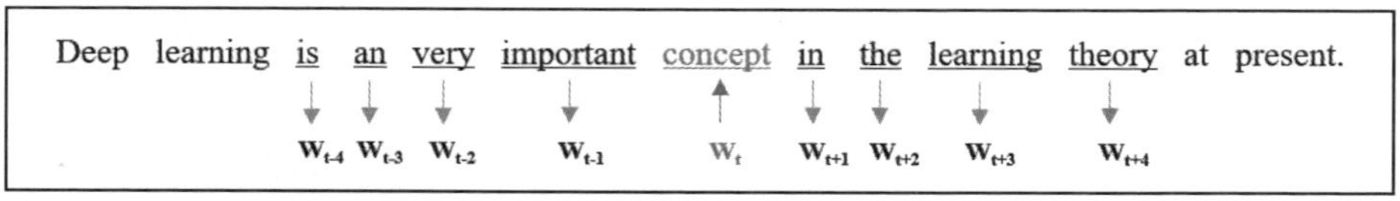

图4.2 Word2Vec预训练的目标词与上下文词示例——英文文本

Figure 4.2 Example of Word2Vec Pre-training Words and Context Words in English Text

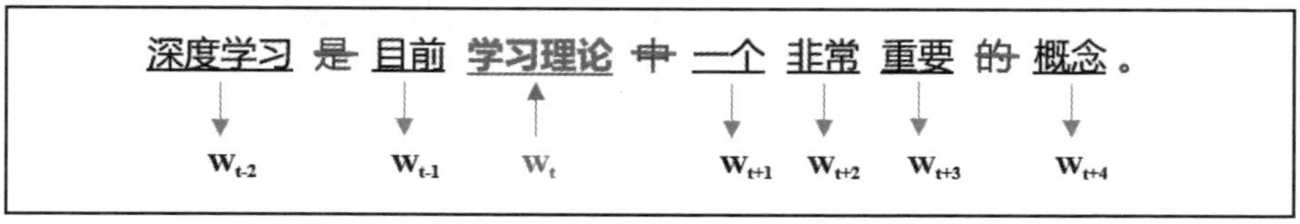

图4.3 Word2Vec预训练的目标词与上下文词示例——中文文本

Figure 4.3 Example of Word2Vec Pre-training Words and Context Words in Chinese Text

结合本章的研究目标和前期研究分析发现，Skip-Gram 模型在训练时会将文本中的每个词轮流作为中心词（目标词），依次对其上下文语境范围（窗口大小）中的词进行采样，与 CBOW 相比，预测执行的次数更多，对重要的低频词的识别效果更好，因而本书选择 Skip-Gram 模型作为 Word2Vec 的预训练模型。假设要预训练文本中所包含的词汇序列为 $W_1,W_2,\cdots,W_i,\cdots,W_L$ ，L 表示文本序列的长度，则 Skip-Gram 模型的预测目标是尽可能地最大化概率 P_w，如公式 4.1 所示：

$$P_w = P(W_{i-window}|W_i)\cdots P(W_{i-2}|W_i) * P(W_{i-1}|W_i) * P(W_{i+1}|W_i) * \\ P(W_{i+2}|W_i)\cdots P(W_{i+window}|W_i) \qquad (公式 4.1)$$

其中，i 应满足 $t-window \leqslant i \leqslant t+window \leqslant L$，$i \neq t$，window 即代表上下文窗口大小的常数。只要在 window 范围内的词，即使不相邻，Skip-Gram 模型也会两两组对计算其概率，因而一般情况下，window 越大，意味着模型要预测的词对就越多，预测结果相应也会越准确，但训练的时间复杂度和计算复杂度也会成倍增加。Skip-Gram 模型计算概率的核心方法如公式 4.2 所示：

$$P(W_i|W_t) = \frac{e^{u_i v_t}}{\sum_{j=1}^{v} e^{u_j v_t}} \qquad (公式 4.2)$$

其中，V_t 代表 W_t 的输入向量，也是嵌入层矩阵中的列向量。U_j 代表 W_t 的输出向量，也是归一化层矩阵中的行向量，V 是词典的大小。从公式可以看出，Skip-gram 模型是一个中心对称模型，如果 W_i 在以 W_t 为中心词的上下文窗口大小内，反之则亦然。因而，Skip-gram 模型的预测实质是计算待预测词汇的输入向量与目标词汇的输出向量之间的余弦距离（相似度），并进行归一化输出。

4.2.2.2　优化加速方法：负采样算法

在实际运算中，若直接对词典中的 V 个词（常在百万级别）与预训练文本中的全部词（常在数十亿级别）两两执行余弦距离计算并进行归一化输出，则运算总量会高达数千万亿，对一般研究来说显然是一件极其耗时且难以承受的任务。因而，Tomas Mikolov 又主要设计引入了两种优化加速算法对模型的核心计算过程进行改进：分层归一化算法和负采样算法。

分层归一化算法并不是 Tomas Mikolov 的原创，早在 2005 年就已被相关研究者引入神经网络语言模型中，主要用于对网络的输出层进行优化，通过利用词典中的词（作为树节点）及词频（作为节点权值）构造带权路径最短的树——哈夫曼树来计算概率，以取代原来的利用归一化指数函数（Softmax 函数）计算全概率的方法。分层归一化算法的实质是将原来对 V 个词的复杂归一化概率转化为 $\log V$ 个词的二分类（True 或 False）条件概率乘积，使得计算复杂度从 V 降低到了 $\log V$。但是分层归一化算法有两大硬伤：其一，词与词之间概率计算的耦合性很强，任何一个词的条件概率发生变化，将会直接导致其路径上所有节点的概率产生变化，并间接地对其他路径上词的概率产生影响。其二，哈夫曼树编码使得词典中的每一个词都必然位于从树的根节点出发可以访问到的唯一的一条路径上，高频词的路径是比较短，但若预训练样本中的某一中心词是字典中比较生僻的低频词，那么路径就会相当长，从而遍历哈夫曼树的时间复杂度也会增加。

因而，鉴于以上研究和结合前期的调研分析，本书主要采用负采样算法对 Skip-Gram 模型进行优化加速。负采样算法是 Tomas Mikolov 在经典的噪声对比评估算法的基础上提出的一个改进和简化版本，其核心思想是将预训练文本中某些词汇序列的中心词 W_t 基于一定策略替换为 Neg 个其他不同的词（所谓的负例词），假设为 F_n，$n=1,2,\cdots,Neg$. 则 F_n 与原 W_t 的上下文词序列 $context(W_t)$ 就构成了 Neg 个虚拟的负例样本，然后对正例样本和负例样本执行二元逻辑回归计算以求解模型参数。具体的负采样策略如下：假设词典大小为 V，将长度为 L 的文本序列按词典大小及词频分成 V 块，每个文本块对应词典中的一个词 w，由于每个词的词频不一样，因而每个词对应的文本长度也会不一样，相应高频词的文本长度较长，低频词的文本长度较短。Word2Vec 中定义的每个词 w 的文本长度 $Length(w)$ 的计算方法如公式 4.3 所示：

$$Length(w)=\frac{count(w)^{3/4}}{\sum_{v\in V^{conut(v)^{3/4}}}} \qquad \text{（公式 4.3）}$$

但同时，由于该过程并不是均分，为了确保每个词对应的文本长度都能被成功地划分到相应的文本块，在采样前，还需首先将长度为 L 的文本序列均分为 M 份，只要 $M \geqslant V$，那么 M 份中的每一份都将必然落入某个词对应的文本块中。采样时，只需从上述 M 份中随机选取 N 个节点，获取每个节点所属的文本块所对应的词就是最终采样到的负例词。有了负例词就可以对正例样本的中心词进行替换，按一定比例自动生成负例样本。经研究，M 的取值一般为 10^8。

4.2.2.3 模型求解方法：随机梯度下降算法

基于上述负采样策略，基于 Skip-Gram 的 Word2Vec 模型的最终优化目标就转变为：估计一个值 R，既能最大化正例样本的概率（使得输出正例的可能性 r 无限接近于 1）又能同时最小化负例样本的概率（使得输出负例的可能性无限接近于 0）。常用的是数学中最大似然估计方法中的对数似然函数来表达目标函数，如公式 4.4 所示：

$$R=\sum\nolimits_{n=0}^{Neg} r\log(\sigma(X_{Wt}Y_{F_n}))+(1-r)\log(1-\sigma(X_{Wt}Y_{F_n})) \quad （公式 4.4）$$

其中，$\sigma(X_{Wt}Y_{F_n})$ 和 $1-\sigma(X_{Wt}Y_{F_n})$ 分别代表我们对正例和负例的期望值，X_{Wt} 和 Y_{Fn} 分别表示正例样本和负例样本的模型参数，这两个参数就是我们最终的训练求解目标。首先构造梯度（参数的偏置向量）表达式以确定损失函数，然后采用随机梯度下降算法 [148]，每次随机选取一组样本进行学习并基于反向传播算法来更新参数权重和梯度，重复该过程，通过对全部样本进行不断迭代更新从而逐步实现对参数的求解。具体求解流程如下：

1) 算法输入：经过分词与规范化处理的预训练领域语料文本。

2) 算法输出：全部词的词向量 X_{Wt}，每个词对应的模型参数 Y_{Fn}。

3) 运算过程：

① Step1：初始化定义各个参数及 X_{Wt} 和 Y_{Fn}。Skip-Gram 模型对应的方法 *skipGram*，词向量维度大小为 *layerSize*，上下文窗口大小为 *window*，随机梯度下降迭代的初始步长（学习速率）为 *alpha*，负采样的样本个数为 *negative* 等，具体如表 4.2 所示。这些输入一般又被称为 Word2Vec 的超参数，可根据具体需求不断进行实验调整以提高输出的

词嵌入模型的性能。

② Step2：读取并对预训练语料中的每组训练样本（*Context* (W_t), W_t），基于负采样算法策略采样出 *negative* 个负例中心词 F_n，生成 *negative* 个负例样本（*Context* (W_t), F_n）。

③ Step3：调用 *skipGram* 方法，采用随机梯度下降法，每次随机选取一组样本进行学习，然后不断迭代计算求解更新 X_{Wt} 和 Y_{Fn}，直到梯度收敛。

关于表 4.2 参数的一些解释说明：

对于 *layerSize*，一般来说，在一定范围内，词嵌入维度设置得越高，表明要训练出的特征就越多，词嵌入模型的精准度就会越好，但同时训练和计算的时空复杂度也会相应增加。但若是无限制地增加 *layerSize*，精准度并不会无限制地增加反而会增加训练运算负荷。结合前人研究，建议取值为 200 或 300。对于 *window*，Skip-Gram 模型的建议取值为 10，CBOW 为 5。对于 *negative*，适当地增加负样本的数量，会避免模型对正例样本的过度拟合，从而提高模型的精准度，但目前并没有较佳建议值，一般取值为 5 到 20 之间的整数。对于 *sample*，当训练样本集比较大的时候，采用高频词亚采样能够提高训练速度和确保模型精度，建议取值为 1e–3 到 1e–5 间的指数，常用的是 1e–3。对于 *Exp_Size* 和 *Max_Exp*，由于 Word2Vec 模型在训练与计算时使用了很多逻辑回归运算公式（指数函数），因此，需要预先给定指数值以限定模型的运算空间和提升训练的速度。这 2 个值越大，词嵌入模型的精度会越高，但内存占用也会很多，过度增加会引起内存溢出，因而 *Exp_Size* 建议取值为 1000，*Max_Exp* 为 6，表示最大允许指数范围为 [1e–6,1e6]。

表 4.2 Word2Vec 模型训练的主要输入参数及常规取值

Table 4.2 Main Input Parameters and Routine Value for Training Word2Vec Model

参数名称	含义描述	常规取值
layerSize	特征词向量的维度（特征个数）	[100,500]间的整数
window	上下文窗口大小	[3,10]间的整数
alpha	迭代的初始步长（学习速率）	0.025
negative	负采样的样本个数	[5,20]间的整数

续表

参数名称	含义描述	常规取值
sample	高频词亚采样的阈值	[1e−3,1e−5]间的指数
isCbow	是否使用CBOW模型	false，表示使用Skip−Gram
Exp_Size	逻辑函数运算的指数值	1000
Max_Exp	最大允许的指数范围	6，表示[1e−6,1e6]间的指数
hs	是否使用分层归一化算法	false，表示使用负采样算法

4.3 轻量级领域本体概念自动抽取模型的构建

为了有效解决现有领域本体概念术语抽取方法中对人工定义特征的过度依赖和对隐含复杂特征难以充分自动挖掘等问题，本书以深度学习的理论技术为基础，以端到端的命名实体方法模式为启发，将领域本体概念术语的抽取问题转变为基于深度学习的自然语言处理中的序列标注概念识别问题，提出了基于 BLSTM–CRF 的深度学习网络模型，以从基于 Word2Vec 训练的领域文本特征词嵌入模型中获得的领域词汇的全局向量表示及向量之间的映射关系构成的矩阵作为模型输入，以 BLSTM–CRF 作为核心模型进行概念术语自动标注识别，并以领域词典和自定义模式规则相结合的方法作为辅助判别手段对自动识别结果进行干预和筛选，以提高自动识别与抽取的准确率。

4.3.1 基于 IOB 标记格式的术语分类序列标注

结合前期研究，本书将概念术语的抽取问题转换为在预定义的一组文本序列上的联合分类任务。实现这一任务的起始仍然需要一批训练样本集，主要是对分词后的领域文本中的术语词汇进行分类序列标注，用于明确定义不同类型术语的边界，以处理领域概念术语中词汇的长度不

一、中英文字符混杂、中英文字符和数字混杂等问题。

目前序列标注中常用的标记格式有 IO、IOE、IOB、IOBS、IOBES 等，不同的标记格式标记的侧重点因需而异有所不同，但在整个标记体系中，具有大致相同的含义：B 表示术语的首字词（Begin）；I 表示术语的中间字词（Inside）；E 表示术语的最后一个字符（End）；O 表示其他非术语词汇（Outside）；S 表示由单字词构成的术语（Single），多在英文文本中见到。其中最常用的为 IOB 和 IOBES，IOB 通常适合一般粒度的标注任务，处理过程相对简单；IOBES 适合更为细粒度的标注任务，处理过程比较复杂。如大多命名实体识别模型 [149-151] 主要用 IOB，常见分词和词性标注工具如 NLPIR、HanLP、Jieba 等主要用 IOBES 进行语料标注与训练。

综上研究，本书选择相对简单也适合 NER 任务的 IOB 格式进行领域术语标注，并根据实际调研分析，把中文文本中常见的领域概念术语形式划分为以下几类进行分类标注，如表 4.3 所示。经过分类标注后的文本，将作为 BLSTM-CRF 模型的输入，同时文本中的每个术语词汇将根据上一章节基于 Word2Vec 生成的领域文本特征词嵌入模型的计算后映射到相应维度的实值向量 D。然后，通过将术语词汇的自身向量与前后向量的上下文窗口连接，形成对该术语的最终测量。

表 4.3　基于 IOB 标记格式的中文概念术语分类标注

Table 4.3　Classification and Annotation of Chinese Conceptual Terms based on IOB

分类描述	IOB标记	示例
纯中文	B-zh, I-zh	温跃层
纯英文	B-en, I-en	DNA
中英文混合	B-ze, I-ze	ABS规范
数字及中文混合	B-dz, I-dz	3维空盒子
数字及英文混合	B-de, I-de	CO2
数字及中英文混合	B-dze, I-dze	DZS2孔
其他非概念术语词	O	一些泛指词、停用词等

4.3.2 基于自注意力机制的 BLSTM-CRF 模型构建

本书的第 2.2.5 章节已详细介绍了传统的深度学习算法 LSTM，主要是在深度神经网络中新增了一个包含了三个门（输入 / 遗忘 / 输出）的记忆模块，用以捕获事件的长距离依赖关系，实现对长序列事件信息的学习利用，以解决 RNN 在文本序列过长时不得不截断导致的应用效果不佳的问题。但 LSTM 通常只学习了文本序列的前序信息（上文信息），并没有将后序信息（下文信息）纳入学习体系，学习到的仍是不完整的文本语义特征。而对于领域本体概念术语抽取来说，上文信息和下文信息都非常重要。BLSTM 又称双向 LSTM，是相关学者以 LSTM 为基础进行的改进和演化，实质是两个 LSTM 的上下叠加，具体是指在同一时刻网络既计算文本的前序特征，又计算后序特征，能够组合生成更为完整的文本语义表示。已有研究表明，BLSTM 是一种相对高效的特征学习方式，能同时建模长文本序列的上下文特征，提高模型的精度。如 Chalapathy 等 [150] 利用 BLSTM 对临床医学概念进行提取和分类，取得了比 HMM、CRF 等 CE 算法更优的结果；如马建红等 [151] 利用 BLSTM 实现了新能源汽车领域术语抽取，试验结果表明模型精度比 LSTM、RNN、CRF 等更高。因而，基于以上研究，为了更有效地捕获和利用长文本序列中的上下文信息，以学习和挖掘到更完整的隐含语义特征，本书采用 BLSTM 算法进行特征学习。

4.3.2.1 模型的输入层和 Dropout 优化策略

BLSTM 的输入层实质是输入文本的向量表示层。该层主要是加载预训练的领域文本特征词嵌入模型（本书 4.2 章节的训练结果）并将其初始化为词嵌入矩阵，通过查找法将输入文本序列中的每个词映射表示为向量，向量的大小即为词嵌入模型的维度。此外，在进入下一层之前，通常还需要预先设置 Dropout 比率以避免训练出现过拟合现象。过拟合现象是指算法模型的复杂度过高，过于依赖训练样本的某些局部特征，对训练样本具有非常好的预测性能，但对实际测试样本的预测性能却较差的情况。Dropout[152] 是指在每个训练批次中，随机让指定比例的特征检测器（神经网络中的隐藏层节点）不工作，处于休眠状态，下一个批次会唤醒，但相应还会有其他节点再次休眠。该方法已被前人证明，可以有效地减少特征检测器之间的相互作用和避免过拟合问题，尤其在小批量训练样本中效果显著，已成为当前训练深度神经网络模型的一种必要优化策略。Dropout 比率一般为 [0,1] 之间的小数，当取值为 0.5 时，随机生成的网络结构最多，实际取值还可以根据训练样本的情况进行提高或降低。

4.3.2.2 模型的隐藏层和自注意力机制实现

BLSTM 的隐藏层实质是上下文向量拼接层。该层中，对于任何给定的文本序列中 t 时刻目标词汇 W_t 的向量表示 X_{Wt}，网络既考虑前序信息 $\overleftarrow{h_{w_t}}$，又考虑后序信息 $\overrightarrow{h_{w_t}}$，通过将前后序信息对应的向量拼接为 $h_{w_t}=\left[\overleftrightarrow{h_{w_t},h_{w_t}}\right]$ 来进行隐含特征计算。整个 BLSTM 深度神经网络的所有隐藏层都将基于 h_{Wt} 进行隐含特征计算。最终对 t 时刻目标单词 W_t 的预测是将其自身向量和前后序信息（上下文窗口）的向量 h_{Wt} 全部连接在一起进行的。此外，通常考虑的上下文信息都是位于目标单词的上下文窗口范围内，窗口长度有限，受运算复杂度及计算能力限制等，并不能无限制增大。而对于领域文本来说，其他非目标词上下文窗口内的重要关键词也很可能对目标词的预测计算存在重大启示作用。因此，本书尝试在 BLSTM 的隐藏层引入自注意力模型（Self-Attentation Model）[105] 来实现特征扩展。自注意力模型是近年来深度学习界提出的用于处理长序列数据的重要概念机制，已被 Google 应用在其发布的 BERT 模型的 Transformer 编码器中，并显著提高了模型精度。该模型的实质是模拟人脑在特定时刻会将注意力集中在特定关键事物而常忽略其他非关键事物的专注特性，可以对关键事物特征分配较多注意力，其他则较少或不分配。基于前期调研发现，领域本体概念术语一般为（复合）名词短语、动名词短语（动宾关系）、名动词短语（主谓关系）、形容词 + 名词短语（定中关系）等，因而本书实现的自注意力机制是在预处理过程中对领域文本分词的同时进行词性标注，对具有上述词性的关键词进行重点关注，在特征计算时为其分配更高的权重系数，以凸显其重要作用。自注意力机制的输入为 BLSTM 隐藏层的状态向量，输出为经过自注意力机制打分后的向量。假设 t 时刻的输入为 h_t，查询目标为 q，打分函数为 $Score_t$，L 为原始输入文本序列中要计算的词汇的个数，则输出的计算方法如公式 4.5 所示：

$$Attention(q)_t = Score_t h_t = Soft\max(\frac{sim_t}{\sqrt{d_k}})h_t = \frac{e^{Sim_t}}{(\sum_{s=1}^{L} e^{Sim_s})\cdot\sqrt{d_k}}h_t \quad （公式 4.5）$$

其中，*softmax* 是打分函数的数学公式，实质是一个计算相似度并求指数运算的过程，$\sqrt{d_k}$ 是自注意力机制的原作者 Ashish Vaswani 等人设计提出的一个优化参数，又称多头注意，是指将原向量模型的维度再线性映射到不同空间 h 次，然后再进行注意力计算，以避免在 d_v 维度下 Sim_t 函数内积过大，造成 *softmax* 指数运算结果非 1 即 0 的问题。一般，d_v=512，h=8，d_k=d_v/ h=64。

4.3.2.3 模型的输出层和 CRF-Viterbi 解码

BLSTM 默认的输出层是一个被命名为 tanh 的激活函数，尽管该函数已在许多情况下被证明是有效的，但它无法使用机器学习中最常用的动态规划算法——维特比算法（Viterbi algorithm）[153] 进行联合解码，不能很好地识别和处理不同分类标签之间的复合结构、嵌套结构等复杂依赖关系。如“3 维空盒子”之类的概念术语，既属于【数字及中文混合类】，又可能属于【数字及中文混合类】和【纯中文类】的复合体，在原始 BLSTM 的输出模式下，会将其拆分识别为“3 维”和“空盒子”两个短术语，而不是作为一个完整的长术语来考虑。或者会错误识别，导致一个术语的不同位置字符被拆分出现在不同的分类预测标记中，如 [B-zh，I-en，O，O…] 这种明显不合法的预测结果。因而，目前得到较多认可的对 BLSTM 的另一个改进是在 BLSTM 的原输出层后再添加一个条件随机场 CRF 层，以实现最佳顺序的解码，这也是 BLSTM-CRF 模型的由来。CRF 作为经典的自然语言处理模型，已被成功应用于传统的命名实体识别、序列标注、中文分词等任务且效果良好。BLSTM-CRF 模型中 CRF

层实现的核心任务是：进行线性变换，计算并优化损失，实现维特比解码。具体流程是：首先，将 BLSTM 的原输出特征通过线性变换的方法转换为一个维度为 [训练批次大小，文本序列长度，总标注类别数] 的矩阵（张量）。其次，将矩阵、相应的标记序列、每一个序列的长度等作为参数输入预定义的损失函数中进行计算，并得到一个转移矩阵。损失函数是目前用来衡量机器学习模型好坏的一个关键指标，值越大表明模型预测误差越大，因而需要根据损失值不断更新模型参数及函数，在参数空间内寻找最优解，使得损失函数的值越小越好。本章使用的 CRF 损失计算函数是一个最大似然估计函数，在主流深度学习框架中都有定义。最后，将第一步的线性变换矩阵和第二步得到的转移矩阵等作为参数输入维特比算法进行解码，获得维特比序列和维特比打分值，并计算损失值。在整个训练过程中，会通过随机梯度下降法(如 4.2.2.3 小节所述) 来不断优化损失，提升模型精度。

4.4 轻量级领域本体概念自动获取的实验应用

4.4.1　概念获取的实验数据集的获取与预处理

基于前期调研和相关工作需要，本书以资源环境学科领域为例展开实验研究。由于目前网络上并没有公开可获取到的资源环境学科领域的中文标准语料集，本章采用本书 3.2 小节研究的方法，自行构造语料集。为了保证实验所用的领域语料既具有新颖性、前沿性又具有一定的权威性、专业性，本书同时采集了领域科技动态类语料和以核心期刊 / 会议论文为主的学术文献类语料。其中，领域科技动态类语料主要通过将中国科学院兰州文献情报中心服务网站的环境与发展动态栏目，以及专题信息网站的资源环境科技发展态势分析平台的资源环境快报栏目作为采集源，设计 Web Spider 对其内容信息进行自动监测和采集抽取。这些栏目的信息都是经过领域情报人员编译或遴选编辑的最新热点信息，能够确保领域的相关性和专业性。领域科学文献语料的获取主要通过单位已订购的 Web of Science 数据库，选择中国科学引文数据库 CSCD，以预定义的资源环境领域主题词构造检索式进行高级检索，时间跨度为 2010—2019，基于数据库商提供的 Web Services API 编写接口调用程序和 XML 解析程序对期刊 / 会议论文相关的元数据进行自动采集和解析抽取。最终共获取到有效的领域科技动态类语料 4371 篇，中文学术文献类语料 398975 篇，共 403346 条数据记录。

接下来，首先，将每篇科技资讯的标题和正文内容（去除全部 HTML 标签），学术文献的标题和摘要依次以换行符（“\r\n”）为分隔输出和整合在同一个 txt 文档中，即为初始语料集 Resource_Corpus。其次，将 398975 篇中文学术文献中的中英文作者关键词提取出来，按照第 3.3 章节中的方法经过一系列去重、计算词频、删除通用词、语义扩充等操作，生成领域基础知识词典 Resource_Dic，共得到有效词组 501755 个，示例如表 4.4 所示。然后，按照第 3.4.3 章节的方法基于 Resource_Dic 和 HanLP 提供的 SP 基础分词模型和标注框架，增量训练出经过领域泛化的 SP 词法分析模型，并对 Resource_Corpus 进行分词、词性标注和 IOB 标注，示例如表 4.5 所示。此外，我们将标注过的数据总条数按 8∶1∶1 的比例随机切分开，其中 80% 作为训练集，剩下各 10% 分别作为测试集和验证集。

表 4.4　资源环境领域基础知识词典示例

Table 4.4　Examples of Basic Knowledge Dictionary in Resource and Environment Domain

中文关键词	英文关键词	词频	词性
数值模拟	Numerical simulation	4439	名动词/nv（主谓关系）
气候变化	Climate change	3935	名动词/nv（主谓关系）
产量	Yield	2865	名词/n
水资源	Water resource	2827	名词/n
重金属	Heavy metals	2614	名词/n

续表

中文关键词	英文关键词	词频	词性
地球化学	Geochemistry	2571	名词/n（并列关系）
降水	Precipitation	2094	动词/v
影响因素	Influencing factors	2081	名词/v
土壤	Soil	1997	名词/n
水稻	Rice	1966	名词/n

表 4.5　资源环境领域文本分词及标注示例

Table 4.5　Example of Segmentation and Annotation in Resource and Environment Domain

分词	厄	尔	尼	诺	期	间	北	美	生	物	圈	二	氧	化	碳
词性	专有名词（nz）				方位词（f）		地名（ns）		名词（n）			名词 (n)			
标注	B-zh	I-zh	I-zh	I-zh	O	O	O	O	B-zh	I-zh	I-zh	B-zh	I-zh	I-zh	I-zh
分词	（	C	O	2	）	吸	收	量	显	著	增	加	。		
词性		英文专有名词（nx）				动名词（vn）			形容词（a）		动词（v）				
标注	O	B-de	I-de	I-de	O	B-zh	I-zh	I-zh	O	O	O	O	O		

4.4.2　概念获取的实验方法、工具与关键过程

本章节的实验环境为 Linux 操作系统，版本为 CentOS 7.5，64 位，32GB 内存。在领域文本特征词嵌入模型的自动生成实验环节，首先在 GitHub 上下载 Word2Vec 的 Python 版进行安装部署；其次对 Word2Vec 进行调参，如表 4.2 所述，主要设置特征词向量维度为 300，上下文窗口大小为 10，负采样的样本个数为 20，高频词亚采样的阈值为 le–3，

其他保持默认；最后调用 Word2Vec 的 Skip-Gram 模型，将领域基础知识词典中的词生成的文本作为模型输入，使用负采样算法和随机梯度下降法进行训练，训练结果即资源环境领域文本特征词嵌入模型 Resource_Dic.Model。在领域本体概念术语自动抽取模型的构建实验环节，主要使用 Theano 深度学习工具包，首先下载和安装 Python 的集成开发环境 Anaconda3，并在其中安装和搭建 Theano 运行环境；其次调用 Theano 相关组件和函数，构建和开发基于自注意力机制的 BLSTM-CRF 深度学习算法网络程序；再次对算法网络进行调参，包括设置 BLSTM 隐藏层节点数为 100，上下文窗口大小为 10，词嵌入维度为 300，标注模式为 IOB，学习方法为 SGD，解码方法为 CRF，Dropout 比率为 0.5，训练停止设置为 100 个 epochs 以避免过拟合问题；最后加载词嵌入模型作为向量查找表，预先准备的训练集、测试集和验证集作为输入，进行模型训练和优化，最终保存在验证集上具有最佳性能的参数及模型。

4.4.3 概念获取的实验模型的评估与结果分析

本书对实验模型的评估采用著名的计算自然语言处理会议 CoNLL 提供的 conlleval 评分脚本，主要评估标准为当前应用比较广泛的准确率、召回率和 F1 值。由于训练比较耗时，主要进行了以下四组模型的实验，结果如表 4.6 所示：

表 4.6 资源环境领域概念自动抽取模型的实验结果

Table 4.6 Experimental Results of Automatic Concept Extraction Model in Resource and Environment Domain

实验模型	准确率	召回率	F1
自注意力机制 +BLSTM-CRF	0.896	0.835	0.864
BLSTM-CRF	0.834	0.798	0.816
LSTM-CRF	0.782	0.751	0.767
LSTM	0.617	0.493	0.548

从实验结果可以看出，尽管并没能达到 0.9 以上理想的超高的精度，但基于自注意力机制的 BLSTM-CRF 模型相对于其他常用模型来

说，概念术语抽取效果明显有了较大的提升。原因主要在于，除了借鉴已有 BLSTM 模型的优点外，如使用 CRF-Viterbi 解码算法能够处理原来 BLSTM 或 LSTM 难以解决的不同分类标签（主要是指长术语、嵌套术语）之间的复杂依赖关系外，本书设计的自主力机制还可以在隐藏层进行特征捕获计算时为具有重要词性的概念术语赋予较高的权重系数，从而使模型的注意力集中在更为关键的特征上，降低了无关特征的干扰作用。此外，与以往的需要构造复杂特征模板的 CRF 模型相比，BLSTM-CRF 模型并没有使用太多手动设计的抽取特征，预训练的领域文本特征词嵌入模型是完全利用 Word2Vec 从领域纯文本数据中无监督学习，自动抽取模型是从基于 IOB 格式的标准文本中以端到端的识别模式进行训练学习，因而对于领域新概念或新术语词汇的识别也具有一定的健壮性和可扩展性，总体方法流程具有较大的领域通用性和可移植性。

未来为了进一步提高模型的精度，值得考虑改进的地方还有很多。如在领域文本特征词嵌入模型的预训练方面，可考虑用 GloVe、BERT 等模型进行训练和微调测试，进一步选择更优秀的预训练模型；虽然已经有了 50 多万的术语作为领域词典，但对于一个大领域来说可能还不够，仍可考虑扩展预训练的词汇样本量；调整特征词嵌入的维度等。在 BLSTM-CRF 自动抽取模型的构建方面，如用于捕获特征的隐藏层节点的数量，词嵌入的维度，输入文本的标注分类及标注模式等都可以通过不断测试而调优。

4.5 本章小结

领域本体概念术语的自动获取是轻量级领域本体自动构建研究的首要基础任务。本章主要以 Word2Vec 无监督的学习方法和 BLSTM-CRF 端到端的识别模式为理论技术基础，着重研究构建了基于自注意力机制的 BLSTM-CRF 领域本体概念自动抽取的深度学习模型，并进行了实验验证与评估分析。具体研究内容有：通过对传统的领域本体概念获取方法及存在问题分析，提出了基于深度学习的轻量级领域本体概念自动获取的研究框架；研究提出了基于 Word2Vec 的领域文本特征词嵌入模型的自动生成方法，包括以 Skip-Gram 模型为基础的预训练方法、以负采样算法为核心的优化加速方法、以随机梯度下降法为代表的模型求解方法；研究构建了基于自注意力机制的 BLSTM-CRF 领域本体概念自动抽取模型，主要采用基于 IOB 标记格式的术语分类序列标注文本作为输入，使用 Dropout 作为学习优化策略，使用自注意力机制提高隐藏层的特征捕获能力，使用 CRF-Viterbi 解码处理不用分类标签之间的复杂依赖关系；设计实施了轻量级领域本体概念自动获取的实验，并对实验结果进行了评估分析。

第5章

轻量级领域本体分类关系的自动识别

5.1 相关工作基础与研究框架设计

领域本体分类关系是指领域本体中的每一个概念术语都必将隶属于领域本体分类结构中的某一个或多个实体类或其子类，由此构成的知识层次关系即分类关系。轻量级领域本体分类关系的自动识别是指基于一定的策略 / 模型自动分析、理解领域概念术语的内涵和外延并将其自动判别、划分、映射到预定义的轻量级领域本体主题分类结构或知识框架中去的过程。

目前，常见的领域本体分类关系识别方法主要有基于人工的方法、基于模式规则的方法、基于机器学习 / 深度学习的方法等，不同方法的异同性分析如下：

基于人工的方法主要是指借助领域专家的专业背景知识和专家个人对概念术语的主观理解分析，手动对所有概念术语关系由高到低、由根到叶依次进行判别、分类的过程。如国外大型通用领域本体 WordNet、Cyc 等都曾主要依靠人工，耗费大量人力物力及时间成本建成。如 2012 年，由北京理工大学王庆林等主持构建的气候变化领域本体 [84]，也主要依赖领域专家进行领域术语的分类挂接。如 2013 年，由中国科学院文献情报中心承担构建的大型外文超级科技词表 STKOS 本体 [154]，是将本体词表按学科领域划分为多个子本体任务，分配至各领域相关的专家团队由多人手动协同加工完成。人工的分类判别方法在通用领域或大学科领域概念分类体系下，具有一定的准确性，但面对比较小而专的学科 / 主题领域或比较深奥 / 生僻 / 相似度较高的专业术语或概念，则容易出现主观性、倾向性错误，且实施起来需投入的人力、时间成本高，后期维护、更新成本更高。

基于模式规则的方法主要是指以人工进行浅层的句法 / 词汇语义分析或已经过专家编译构建的领域词典（主题词表、叙词表、受控词表等，如 WordNet、HowNet 等）、分类体系（学科 / 行业的分类法、本体、标准等）、在线知识库（Freebase、Probase、Yago、DBpedia、Wikipedia、百度百科等）的分类思想 / 结构 / 模式为基础，通过人工设计规则和机器编程形成一套规则化、模式化应用程序 / 工具（知识工程、专家系统等）进行半自动分类的过程。该方法实质是一个最大化枚举、归纳概括或机械转换、匹配的过程，不再完全依赖人工，实施成本低且更为便捷、高效，分类过程具有可回溯性。但该方法对语言环境（如语法、句法、语义、时态等）规则的依赖性强，将既定义的一种语言的分类模式直接应用于另一种语言环境十分不易，因而可移植性可重用性差；且该方法应用场景的局限性很大，只能覆盖较少的一部分学科 / 主题领域，因为已有的可直接作为参考知识源的领域分类体系大多主要集中在通用学科领域，而隶属于科技领域的部分又主要集中在医学、地学等少数自然科学领域，对于没有可参考的或可参考知识源中不存在的分类关系的识别则无能为力。

基于机器学习 / 深度学习的方法主要是将分类关系识别问题转化为一个二分类、多分类、多标签分类、多层次多标签分类等任务模式之一进行自动化处理，其核心思想是：首先基于一定的算法模型将领域文本数值化，获得领域文本的语义特征表示；其次选择和提取特征，进行权重分配（如 TF-IDF 策略）、学习等，训练形成分类识别决策模型（分类器）；最后基于分类器模型实现对未知数据的分类预测。传统的机器学习分类算法模型有支持向量机 SVM、朴素贝叶斯 NB、决策树 DT、逻辑回归 LR、K 最近邻算法 KNN 等，分类效果良好，已得到大量研究应用，一直是过去分类关系识别的主流方法。当前，随着深度学习的白热化发展，传统的机器学习分类算法正逐渐被深度学习分类算法碾压、融合、取代，几乎所有的深度学习算法模型或稍加演化 / 改进都支持分类关系自动识别。

总的来看，基于模式规则的分类方法与基于机器学习分类方法的本质区别是，模式规则方法的依赖输入是硬核的机器指令代码，而机器学习方法的依赖输入是结构化的文本数据。同时，传统的机器学习分类方法与当前的深度学习分类方法的最大不同是：传统的机器学习分类方法仍主要依赖人工干预进行特征选择、提取和表示，学习输入的是人工设计好的浅层地显式数值化特征，基于特征比较实现分类识别，识别的精度取决于人选取特征的能力及当前样本的外在特征表现力，因此识别效果难以保持稳定，模型的泛化能力较差。此外，传统的机器学习分类方法一般擅长研究解决的是二分类问题或多分类问题，类别间不能具有相互包含或重叠等复杂关系，即使实际应用中存在一定关系，传统机器学习分类算法在计算处理时也会经常强制忽略不计。深度学习分类方法输入的是结构化领域文本，不再需要人工进行特征提取和表示，主要依靠各种深度神经网络算法模型自动提取初级基础特征，多层学习迭代后组合为高级复杂特征，基于端到端的分类概率预测实现的分类识别，极大地解放了人力，最大限度实现了自动化，且识别的精度有了跨越式提升。此外，深度学习分类方法不仅能够处理二分类问题或多分类问题，还能够通过各种机制策略致力于解决处理多标签分类问题及层次多标签分类问题，更加贴合于领域实际应用场景，并取得了不错的实验成绩。虽然深度学习分类算法模型已表现出比其他传统分类方法更好的性能优势，但也存在一些缺点，如算法网络的构建过程比较复杂，可解释性较差，模型训练过程比较复杂，对软硬件环境的要求较高等，因而实施起来并不是十分容易，目前仍主要处于理论研究和实验阶段，尤其对一些科研实力和经济资本不是很雄厚的中小型机构单位或业务领域来说，距离真正全面投入生产应用还尚需一定时日。

综上所述，本章的主要研究目标是研究并打通基于深度学习的轻量级领域本体分类关系自动识别的核心方法和关键流程，以提升领域本体分类关系自动识别的效率与精度。本章将着重通过对深度学习文本分类的关键技术进行剖析，分别研究构建基于 BERT 和 XLNet 的领域本体分类关系自动识别模型，并进行实验验证、模型评估与结果分析。本章的主要研究内容框架如图 5.1 所示：

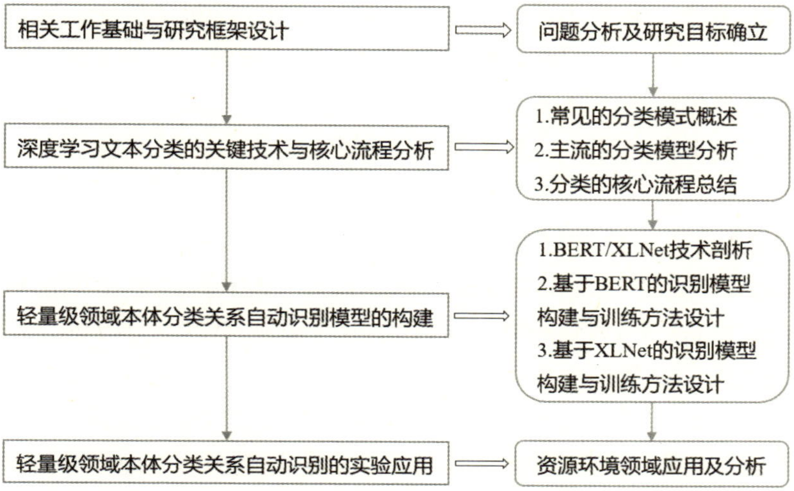

图5.1 基于深度学习的轻量级领域本体分类关系自动识别研究框架
Figure 5.1 Research Framework for Automatic Recognition of Classification Relations in Lightweight Domain Ontology based on Deep Learning

5.2 深度学习分类的关键技术与核心流程

5.2.1 常见分类模式概述

根据深度学习分类任务中候选类别标签的数量、是否互斥（是否相互独立，分类结果非类 X 即类 Y）、是否包含层次关系等，一般可分为二分类、多分类、多标签分类、层次多标签分类等四种任务模式。

5.2.1.1 二分类模式

二分类模式（Binary Classification，BC），主要是指分类标签只有 2 个类别，类别互斥，分类结果中每个实例 / 对象最多只会被划分到其中 1 个类别。常见的二分类应用场景有很多，如社交网络中，根据聊天内容判断是否属于诈骗信息等；如网站安全监测中，根据邮件或用户提交内容判断是否为垃圾 / 敏感邮件或信息等；如情感分析中，根据评论内容判断是喜欢（积极 / 支持）还是厌恶（消极 / 反对）；如领域语料采集中，根据网页内容判断是否符合领域主题需求等。二分类模式实际上是所有机器学习分类任务中最基础的、最本质的模式，其他分类任务也都可转化或分解为多个二分类模式来解决。

5.2.1.2 多分类模式

多分类模式（Multi-Class Classification，MCC），主要是相对于二分类模式而言，只是将分类标签增加为 N 个类别（N 为大于 2 的正整数），类别仍互斥，分类结果中每个实例 / 对象仍最多只会被划分到其中 1 个类别。典型的多分类应用场景是将未知数据按实际应用需求（学科 / 主题 / 结构 / 格式 / 来源 / 关系 / 区间 /…/ 自定义类别）组织划分到预定义的目标分类体系中去的过程，如将多篇未知类型的新闻资讯划分到{政治，体育，娱乐，财经，…}中；将多篇未知主题的科技文献划分到{主题 1，主题 2，主题 3，主题 4，…}中；将多篇未知内容的文本划分到{类别 1，类别 2，类别 3，类别 4，…}中等。实际上很多业务问题最终都可以转化为一个多分类问题进行处理，如网站的栏目导航、知识库的分面浏览、搜索引擎的搜索结果返回及排序等。

5.2.1.3 多标签分类模式

多标签分类模式（Multi-Label Classification，MLC），又主要是相对于多分类模式而言，分类标签仍为 N 个类别（N 为大于 2 的正整数），但类别标签之间不再互斥，分类结果中每个实例 / 对象都可能被划分到 1 个或多个类别。多标签分类的应用场景也比较常见，主要是在一些需要交叉分类预测的场合：如一篇文章可能同时涉及海洋学、水文学、物理学等多个学科领域；如用户画像的结果是用户可能同时对气候变化、海洋污染、生态治理等多个主题感兴趣等。多标签分类算法模型通常有两种实现路径：一是问题转化法，将多标签分类问题逐步分解和转化为多个单标签的二分类问题来解决，实质是为每一个候选类别都分别训练出一个二元分类器来依次判断样本数据是否隶属于该类；二是场景适应法，尝试对传统的单标签分类算法进行改进使其支持多标签分类任务的应用场景，如决策树 DTM、K 最近邻 KNN 算法等都较为容易修改，已得到大量实际应用。

5.2.1.4　层次多标签分类模式

层次多标签分类模式（Hierarchical Multi-Label Classification，HMLC），实质上是多标签分类模式中的一种更具有挑战性的特殊任务情况。该分类模式中，分类标签仍为 N 个类别（N 为大于 2 的正整数），不同的是，类别标签之间不但不再互斥，还具有类似树状结构的上下位等级关系，分类结果中每个实例 / 对象仍都可能被划分到 1 个或多个类别，但同时也会继承相应类别的父标签类别，由此便关联形成了一个具有多层次的树状分类体系结构。如“生物学”与“动物学”在分类层次结构中就属于上位类（父类）和下位类（子类）。层次多标签分类模式的发祥地和主战场就是文本分类，旨在解决一般文本分类模式中类别标签间不能包含复杂等级关系的问题。但目前除了文本分类外，层次多标签分类模式逐渐在机器翻译、蛋白质结构预测、图像 / 视频标注等问题研究中也得到大量关注与实验应用，一些相关的变体、演化、改进算法也已被陆续提出，如层次多标签分类网络 HMLCN[155]、大规模层次文本分类算法 RRDG-CNN[156] 等，未来将有希望在更多相关领域得到实际应用。

5.2.2　主流分类模型分析

当前传统机器学习算法已趋于成熟，精度已达到一定天花板，非常难以再取得新成就。而深度学习算法模型正在得到不断突破，已逐步取代传统机器学习分类模型的主导地位即将成为主流的文本分类模型。经调研，代表性的深度学习文本分类模型如表 5.1 所示：

表 5.1　代表性的深度学习文本分类模型统计分析

Table 5.1　Statistical Analysis of Representative Deep Learning Text Classification Model

模型名称	年份	描述&分析
TextCNN[157]	2014	由美国纽约大学的Yoon Kim等提出。被誉为最经典的深度学习文本分类模型，架构与CNN类似[158]。

续表

模型名称	年份	描述&分析
TextRCNN[159]	2015	由中国科学院自动化所的Siwei Lai等提出。综合了RNN和CNN的优点，与传统的基于窗口的神经网络模型相比，引入的噪声要更少，模型复杂度有所降低
TextRNN[160]	2016	由复旦大学的Pengfei Liu等提出。使用了多任务学习框架，可同时对具有特定任务和共享层的文本分别进行建模
FastText[161]	2016	由美国Facebook AI Research的Armand Joulin等提出。架构与Word2Vec的CBOW模型类似[162]。与基于神经网络的分类模型相比，不需要预训练词向量，架构简单，训练速度快
DPCNN[163]	2017	由美国RJ Research Consulting的Rie Johnson和我国腾讯AI实验室的Tong Zhang合作提出。能够通过深化CNN捕获文本全局语义特征和获得最佳精度，但不会大幅增加计算成本。提出了文本区域嵌入方法[164–167]，比常规词嵌入更能表达复杂概念
DRNN[168]	2018	由科大讯飞研究院的Baoxin Wang提出。基于RNN和CNN进行整合改进，利用RNN来捕获文本序列中的长距离依赖关系；同时将位置不变性纳入RNN，以提取关键特征
Attention–Based	2016–至今	统指基于注意力机制的一类分类模型。如ABCNN[169]、HAN[170]、MHAN[171]、AttnConvnet[172]、HAHNN[173]等。将文本序列中的相互依赖关系纳入CNN/RNN的特征提取和计算过程，在学习时能赋予不同关注内容不同权重以提升模型性能
Transformer–Based	2017–至今	统指基于Transformer编码结构的一类分类模型。如GPT–2[108]、BERT[109]、Transformer–XL[110]、XLNet[111]等。舍弃了RNN/CNN的循环式网络结构，可以无视方向和距离模拟和表达文本中全局语义关系，对长文本的处理和表示性能良好，分类精度高

续表

模型名称	年份	描述&分析
NeuralClassifier	2019	腾讯深度学习平台NeuralNLP推出的开源深度学习文本分类集成工具。集成了多种主流分类模型及预训练机制，支持多种损失函数，用户可通过配置文件灵活选择和调用各种分类模型

5.2.3　核心流程要素总结

综上研究，深度学习文本分类一般属于有监督学习的任务，其核心流程如图 5.2 所示：首先，需要根据应用场景、任务目标等确定及转换分类任务模式，二分类、多分类，多标签分类、层次多标签分类之一；其次，由于不同分类任务模式所依赖的语料集格式并不相同，需根据已确定的分类任务模式获取和准备一个具有大数据量的、高质量的、经过规范化预处理和标注的有监督语料集(*Label*, *Text*), *Label* 表示类别标签，*Text* 表示文本序列；再次，不同分类模型的神经网络结构及所支持的分类模式各不相同，需根据已确定的分类任务模式利用有监督语料集（预）训练和生成所需的词嵌入，并选择和构建合适的深度学习分类算法模型，对词嵌入进行编码表示、特征提取、筛选和组合等，训练和微调出最佳分类模型（分类器）；最后，利用获得的最终分类模型（分类器）实现对未标记（未知）文本的分类。

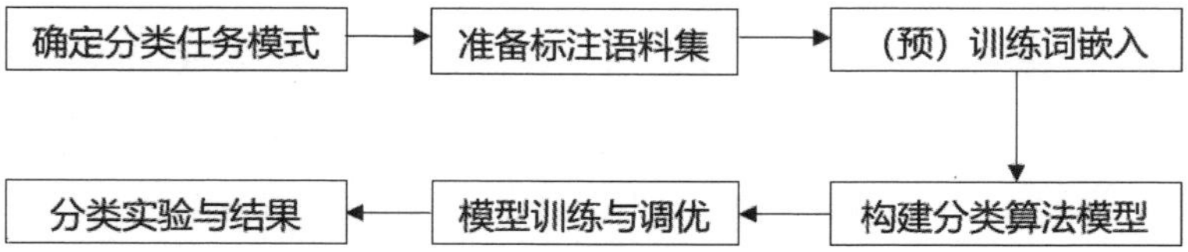

图5.2　深度学习文本分类的核心流程
Figure 5.2　Core Process of Text Classification Based on Deep Learning

在上述流程中，需要重点关注的可能会对最终分类模型的准确率及分类效果产生重要影响的关键要素有以下方面。

（1）语料集的数量和质量。同等条件下，毋庸置疑，大批量样本训练出的模型精度肯定比小批量样本要高。语料集的质量即文本序列特征 X 对应的类别标签 Y 是否标注正确，标注正确的、更加符合真实业务场景的有效样本越多，模型训练的效果会越好，反之，则越差。很多研究中，对语料集的标注处理会采用多人或专家重复标注或投票标注机制，最后选择标注次数、票数最多、认可度最高的类别来作为最终标记类别，用以控制语料集的质量。

（2）语料集的数据类别是否均衡。语料集的类别是否均衡是指每种类别下的样本数量是否相近，若是差异较大，也会影响模型的分类效果。常见的解决方案有两种：其一是调整样本，对语料集做增强处理，通过人工按比例补充或机器在预处理过程中随机打乱或丢弃一些词汇，以分层采样、欠采样、过采样、阈值移动等方式构造新的样本数据，一般保证每种类别在训练集、验证集、测试集中的样本数据比例都至少达到 8∶1∶1 或 6∶2∶2，并确保总样本在各个集中的比例也是如此。其二是在模型学习中构造和使用代价敏感的损失函数。一般的深度学习分类算法模型都是精度驱动的，旨在通过最小化分类损失（误差）来提高分类的准确率，因而往往假设所有类别是均衡分布的和所有分类错误（假正例、假负例）的代价是相等的，但在实际应用场景中，数据类别往往是不均衡的，不同分类错误的代价可能是不相同的。因而代价敏感的损失函数是以最小化分类代价为目标，会着重考虑不同的分类错误应使用怎样不同的惩罚力度（约束条件和权重系数）去训练分类器，常见的代价敏感的损失函数的构造方法有平方法、对数法、指数法等，几乎所有的分类算法都可以进行代价敏感扩展。

（3）模型的训练 / 调优参数与评估指标。虽然不同分类模型的神经网络结构不尽相同，但在训练与优化过程中，使用的主流开源深度学习框架一般为 TensorFlow、PyTorch、Theano 等，涉及的需要重点关注的超参数大致相同，一般为词嵌入的维度、卷积核 / 隐藏层的个数 / 大小 / 维度、Dropout 比率、学习速率、L1/L2 正则化相关的参数等。分类模型的评估指标一般为准确率、召回率、F 值等，可根据评估结果反过来去调整相应的参数，多次训练以获得最佳模型。

5.3 轻量级领域本体分类关系自动识别模型的构建

为了极大地减少人工的工作量，有效地解决现有领域本体分类关系识别过程中对人工提取特征的过度依赖、难以充分挖掘识别复杂隐含关系、模型可移植性差和自动化程度低、分类识别精度欠佳等问题，基于上文对常见领域本体分类关系识别方法的异同性以及深度学习文本分类的关键技术进行剖析，以当前先进的 BERT 和 XLNet 模型为基础，对其核心技术和方法进行深入分析与应用改进，分别构建了基于 BERT 和 XLNet 的领域本体分类关系自动识别模型，实现对领域本体分类关系的自动识别。

5.3.1 BERT 技术原理剖析

BERT 是 Google AI Language 的 Jacob Devlin 等在 2018 年推出的一个基于深度双向编码器预训练的语言理解模型，已在实体识别、文本分类、自动问答、机器翻译等 10 多个 NLP 下游任务实验中取得比以前方法模型更高的精度，因而一经推出即得到广泛关注。与先前的词嵌入模型相比，BERT 进一步增强了词嵌入模型的泛化能力，更加充分地描述了文本序列中字符级、单词级、句子级甚至是句间关系的上下文特征，极大地提升了语言理解表示的能力和效率。总的来说，BERT 主要有三个重要的机制：

5.3.1.1 变压器—注意力架构

传统的 CNN 或 RNN 在处理 NLP 任务时都存在相应不足，CNN 的卷积操作和固定滤波器大小的限制不适合于建模长文本序列，RNN 没有并行化机制，处理长文本序列很容易超出内存限制。BERT 的变压器—注意力架构 Transformer 是一种旨在取代和改进传统 CNN 或 RNN 的全新架构，主要包含多头注意力、自注意力、位置编码等机制，可以具有更深的层数和更好的并行性。多头注意力机制是将每个单词映射的词嵌入再切分成多个维度分别进行特征捕获和计算，使得每一维都可以学习到不同的特征，学习结果更加合理和细化。自注意力机制是指每个位置的单词都可以无视方向和距离，有一定概率直接和句子中的每个词（全局信息）进行编码，扩大了特征提取的范围，能够学习到更多的上层特征。位置编码机制是 Transformer 建模文本序列顺序信息的重要机制，主要使用类似模拟信号传播周期变化的正弦波循环函数计算标记的位置信息，并训练一个位置嵌入来保存它，能够极大地增强模型的泛化能力。

5.3.1.2 遮蔽的语言模型

以往的标准条件语言模型如 Word2Vec、GloVe、ELMo、ULMFit、BLSTM 等只能进行单向（仅从左到右或从右到左）或浅双向（简单的左右叠加）训练，一旦进行深层双向训练将会导致每个单词间接地“自己看见自己”，并且模型是在多层上下文中琐碎地预测目标单词。为了获得深层双向表示模型，BERT 在预训练过程中使用了一种类似“完形填空”的遮蔽语言模型机制，按一定比例随机遮蔽某些输入标记，然后只预测那些被遮蔽的标记，即只将被遮蔽标记对应的最终隐藏向量通过词汇表传递到输出层的 Softmax 函数中去，而不是建模和传递整个输入。但在实际的下游微调任务中，[MASK] 标记并不存在，为了缓解预训练和微调之间的不匹配问题，BERT 并不总是全部用实际的 [MASK] 标记来替换被遮蔽的单词，而是每次随机选择 15% 的标记位置进行预测，并对每一个被选中的标记位置按一定概率进行 [MASK] 标记替换（80% 概率）、随机采样替换（10% 概率）或不替换（10% 概率）。在 2019 年 5 月推出的最新版本中，BERT 还改进了原来的随机选择待遮蔽词块标记的方法，提出了全词遮蔽技术，在总遮蔽率保持不变的情况下，一次遮蔽与一个单词对应的所有标记，其他训练方式相同，仍然独立地预测每个遮蔽的词块标记，旨在提高预测任务的难度和增强预训练模型的泛化能力。

5.3.1.3 句子级表示模式

以往模型的编码机制学习到的大多是词级的标记特征，BERT 为了支持自然语言推理、自动问答等一些需要句子间交互、匹配、关系判断的更为复杂的下游任务，设计和实现了句子级表示模式。首先是句子级的负采样策略，又称为句子级的连续性预测任务，即对任意给定的句子，原始语料序列中它的下一句即视为正例，从全部语料中随机采样一个句子即为负例，然后在句子级上进行二分类训练，即预测 / 判断目标句子是当前句子的下一句还是噪声。其次是句子级的嵌入表示，又称词块嵌入。BERT 只支持用纯文本语料进行无监督训练，输入为能够使用预定义标记表示的，并能够明确表达一定主题范围的一段连续性文本序列（句子或句子对）。每个句子的开始标记都是 BERT 预设的特定分类标记 [CLS]，其对应的输出将作为该文本序列在分类任务中的最终聚合表示[175]。句子对会被组合在一起，打包成一个整体标记序列，不同句子之间用 BERT 预设的特定分隔标记 [SEP] 分隔开。因此，每个标记还会增加一个分段嵌入，用来指示该标记实际是属于哪个句子。同时，还有一个位置嵌入用来保存不同标记的位置信息。总的来说，对于任意给定的文本序列，BERT 的输入表示是通过将标记嵌入、分段嵌入、位置嵌入拼接在一起形成的，如图 5.3 所示。

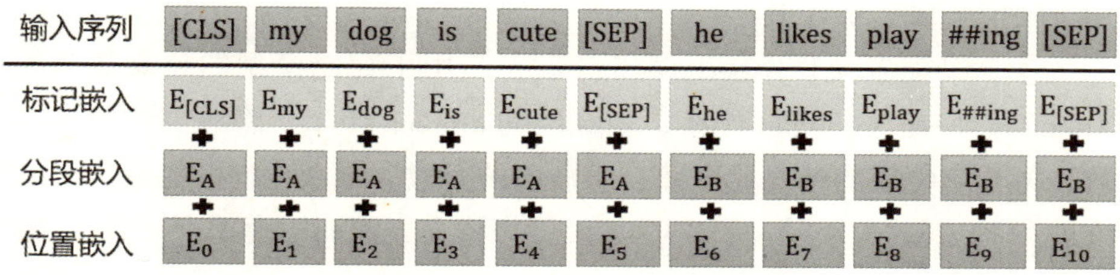

图5.3 BERT句子级的输入表示[109]
Figure 5.3 Sentence-Level Input Representation of BERT[109]

5.3.2 基于 BERT 的分类关系自动识别模型构建

5.3.2.1 BERT 预训练模型的获取与准备

最初的 BERT 预训练模型是 Google 在含有超过 33 亿个词汇的大型语料库 Wikipedia 和 BookCorpus 上使用了 4~16 个 TPU 集群耗费了大约 4 天时间训练和更新而成，代价相当昂贵，即使拥有同等硬件条件该过程也难以复现。因而一般的应用方式是选择和加载谷歌提供的预训练模型，使用自己准备的领域标注语料（不同下游任务所需的领域语料标注格式不同），在 GPU 或 TPU 上对预训练模型进行微调，耗费数十分钟或几个小时（具体耗费时间跟样本量及序列长度等有关系）即可获得下游任务所需的领域决策模型。

目前 BERT 在 GitHub 上总共公开了 9 个预训练模型，不同预训练模型的训练策略有所不同，主要有基础版 Bert-Base 和大型号版 Bert-Large 之分；还有忽略大小写和保留大小写之分；语种方面，有英文、多语种、中文之分。BERT 在 2019 年 5 月最新推出的是全词遮蔽忽略大小写的和全词遮蔽保留大小写的英文大型号版。其中每个模型的文件压缩包都主要包含三项内容：

①一个 TensorFlow 检查点，用于保存预训练模型与 TensorFlow 有关的权重参数（前缀都为 bert_model.ckpt），实际上由 3 个文件构成：数据、索引、元数据（实质是 TensorFlow 计算图的结构）。

②一个 vocab 文件（vocab.txt），即 BERT 的词汇表，包含固定数量（一般都在 20000~30000 个）的单词、单字符、子字符 + 字符标记等，用于映射词块到单词 ID。

③一个配置文件（bert_config.json），用于存储模型的超参数，如 Attention 机制的 dropout 比率、隐藏层的 dropout 比率、隐藏层的激活函数、每个隐藏层的神经元个数、隐藏层的个数、最大允许的位置嵌入的维度、词汇表的大小等。具体应用时，可先将上述预训练模型都下载下来，存放到指定路径，然后根据路径和名称按需加载。如中文预训练模型为 chinese_L-12_H-768_A-12，全词屏蔽忽略大小写的预训练模型为 wwm_uncased_L-24_H-1024_A-16 等。

5.3.2.2　多标签分类标注语料的自动生成

本书把领域本体分类关系自动识别问题视为一个多标签分类任务模式，分类的对象是第 4 章节中最终获取到的一堆领域本体概念，分类的类别标签可以由人工预定义或参考已有主题词表或分类体系的分类类目进行构造，最终的分类任务目标是构建和训练一个分类模型能够自动识别领域本体概念的内涵和外延，并将其准确划分到最为接近的一个或几个预定义的分类类别中去。确定了分类任务模式后，即可根据该模式构造与准备好 BERT 用于文本分类时微调预训练模型所需的多标签分类标注语料。原始语料的自动获取可根据实际定义的分类类别标签分别构造相应类别的主题采集规则或检索表达式，利用本书第 3.2.2 章节所述的方法基于 Web Spider 从领域专业网站自动采集爬取或基于 Web API 从科学文献数据库自动收割解析内容元数据等。同时，通过对通用语言理解评估 GLUE 基准中所提供的 BERT 用作文本分类示例的 MRPC 语料集样本进行分析，确定的分类标注语料格式如下：输入类型为纯文本（如 CSV、TSV、TXT、JSON 格式等），一个标记序列（对应原始语料的一条记录）即为文本中的一行；每行又分为两列，若是 TXT 格式则两列之间一般用 Tab 键（“\t”）隔开，第一列为类别标签（label），第二列为类别对应的主题相关的文摘内容（Text）。最终需要编写语料处理程序将原始语料每个类别按 8∶1∶1（或 6∶2∶2）的比例以上述格式累加输出和整合生成 3 个文档，分别作为训练集（train）、验证集（dev）和测试集（test）待用。

5.3.2.3　标注语料数据的特征表示与转换

任何模型的训练、预测都必须有一个明确的规范化输入格式，本环节的主要功能就是加载和读取语料文件，创建数据实例，并进行标记化处理与特征转换，为 BERT 提供预期的输入表示。具体设计和实现方法如下：

（1）自定义数据处理模块，用于加载和读取领域分类标注语料，并生成数据实例列表，为特征提取和转换做准备。首先，需要在 BERT 分类脚本的主方法的处理器构造类（processors）中为新增的自定义数据处理函数添加声明，包括添加声明名称和数据处理函数名称，格式为*[“声明名称”：数据处理函数名称]*。其中声明名称将作为数据处理函数调用的唯一标识符，对应于模型中的超参数 --task_name，在模型执行训练或预测时，可通过在运行参数命令行中加入*[--task_name=声明名称]*来表示调用相应的数据处理函数。其次，对自定义的数据处理函数进行具体实现。实际上，BERT 的原始模型中已经提供了用于处理序列分类数据集的数据转换器的基类（DataProcessor）。因此，实现自定义的数据处理函数需要继承该基类，并重载和实现基类中的一些固有方法，包括读取训练集、验证集并创建各自输入实例的集合的方法，获取数据集的所有分类标签列表的方法等。需要注意的是，不同格式语料文件的读取和处理方法不同，一旦语料文件格式发生变动，上述方法的实现应随之修改。最后，本模块返回的是一个实例列表，实例列表中的每一个实例集合都是由实例的唯一 ID（guid）、第一个序列的未经标记化处理的原始文本内容（text_a，对于文本分类预测任务来说，只有 text_a 有值，text_b 为空）、第二个序列的未经标记化处理的原始文本内容（text_b，可选，对于其他任务如文本相似性预测等，才需要同时用到 text_a 和 text_b）、类别标签（label）元素组成。

（2）自定义特征转换模块，用于读取实例列表、分类标签列表，进行标记化处理与特征转换，形成文本序列的特征表示（输入向量表示）。本模块实质就是实现如5.3.1.3小节所述的BERT句子级的嵌入表示过程，其核心是一个特征转换函数，最终将返回一个特征列表。特征列表中的每一个特征集合都主要包含四个元素：

①输入实例的 ID 列表（input_ids）：文本序列经标记化处理后每个单词在词汇表中的 ID。具体生成 ID 的过程如下：首先，调用 BERT 标记器（实质是 BERT 的词块嵌入模型）的标记化方法；其次对每一个句子序列实例根据词汇表和贪心原则进行基于字的分词，并按 BERT 规则加上 [CLS] 与 [SEP] 标记；最后得到一个经分词和标记化处理的单词列表（tokens）。该过程首先会检查整个单词是否已在 BERT 预训练模型提供的词汇表中，对于不在词汇表中的单词，会尝试将单词首选分解为词汇表中包含的最大可能子字符（最大保留原始字符的上下文含义，如

将单词 embeddings 首选分解为 ['em'，'##beddings']，使得该 'em' 与词汇表中已有的可能来自 'go to em' 中独立的 'em' 字符具有相同的嵌入），最后才分解为单个字符。其次，再次调用标记器的将标记转换为 ID 的方法，将得到的单词标记列表与词汇表中的索引进行匹配查找，获得每一个单词的 ID。其中分类标记 [CLS] 和分句标记 [SEP] 的 ID 已分别固定为 101 和 102。此外，如果实际序列实例的长度小于模型设定的最大序列长度，则缺少部分相应位置 ID 会被填充为 0，如果大于，则超出部分会被截断。

②输入实例的遮蔽标识列表（input_mask）：用以标识当前标记是真实标记还是填充标记。真实标记的标识为 1，填充标记的标识为 0，[CLS] 和 [SEP] 的标识通常也为 1。

③分段 ID 列表（segment_ids）：BERT 支持句子对的训练，期望使用 0 和 1 来区分两个句子序列，序列 A（text_a）中的每个单词分段 ID 全标记为 0，序列 B（text_b）中的每个单词分段 ID 全标记为 1。对于文本分类任务来说，暂时不需要用到序列 B，因此值都为 0。

④分类标签 ID 列表（label_ids）：将分类标签列表（label_list）中的类别标签名称利用枚举 / 遍历方法转换为索引标识（数字序号），将分类标签也数值化、向量化。最常用的转换方式就是从下标 0 开始，第 1 个类别标签对应的 ID 为 0，第 2 个对应为 1，依次计算，第 N 个类别对应为 N–1。

5.3.2.4　基于 BERT 的分类模型的训练与优化

经过数据处理与特征表示，我们即可将标注语料转化为特征向量输入到 BERT 模型中，从而进一步实现对 BERT 预训练模型的微调与优化，构建基于 BERT 的领域本体分类关系自动识别模型。本环节总体实现流程如图 5.4 所示，具体包含以下几个重要步骤：

（1）Step1：准备模型的超参数。常用的基本参数如表 5.2 所示。其中需要重点调整的参数有最大序列长度（*max_seq_length*）、训练批次大小（*train_batch_size*）、学习速率（*learning_rate*）、训练周期数（*num_train_epochs*）等。同等条件下，最大序列长度越大，表明模型输入计算的特征将越多，模型的精度也会得到大幅度提升，但训练所需的计算开销也会成比例增大，普通 GPU 将难以承载。因而，一般条件下，最大序列长度的预设值也不能无限制增大，常用值为 128，可以调到 512（当前 BERT 预训练模型对中文支持的极限）。训练批次大小也非常重要，深度学习通常将训练集分成多个训练批次的小批量样本，一次迭代一个，通过各种优化算法计算损失并更新权重。因而，一般情况下，不断减小训练批次大小，则会导致一个批次中样本的随机性变大，从而可能导致模型的损失函数难以快速收敛[176]。若不断增大训练批次大小，则能够增加模型捕获全体数据特征的概率，梯度下降的方向相对会愈准确，损失函数的收敛速度也相应会加快。但同时由于批次过大显然会使得样本的随机性过低，从而可能导致梯度错误地沿某个单一方向一直下降，最终导致模型过拟合并陷入局部最优；而且当训练批次大小增大到一定程度时，也会导致一个批次产生的权重更新（梯度下降方向）停止变化或变化很小。因此，需要通过不断调整找到一个最恰当的训练批次大小，使得模型能够收敛速度最快并且效果最好（达到全局最优）。学习速率会影响模型能以多快的速度收敛至局部最小值（达到最佳精度）。学习速率越小，表明沿梯度下降的步长就越小，进而获得最小值需要迭代的次数就越多，损失函数收敛所耗费的时间就越长（收敛速度越慢）。学习速率越大，表明沿梯度下降的步长越大，会因收敛速度过快导致模型错过最佳收敛点，模型效果不稳定（停留在局部最小值）。因此，也需要选择合适的学习速率，使得模型训练的时间最少且稳定性最好。训练周期数决定了模型训练的总步数，当模型使用预热学习（较小学习率）和线性学习率衰减方法进行训练优化时，训练周期数又决定了学习速率的持续时间（多少步后恢复预设初始学习速率，多少步后学习率衰减到 0），需要考虑调整训练周期数，使其不至于太大导致前期学习率低且基本不优化，也不至于太小，使得训练结束太早，模型难以收敛和达到预期效果。

（2）Step2：配置 GPU 或 TPU。BERT 不支持在 CPU 上进行训练（会内存溢出），Google 训练 BERT 预训练模型使用的是 TPU，所以原始模型中有很多 TPU 相关的配置，TPU 通常比普通 GPU 具有更多的

RAM，使用 TPU 训练效率会更高一些，但一般研究可能没有这个条件，由于 16GB 的 GPU 也只能容纳最大长度为 512 的单个文本序列，所以应至少具有 1 个 16GB 的 GPU。一般情况下，根据具体任务和可用资源的情况，还可以通过减少训练批次大小或最大序列长度以适应实际硬件环境，但这会导致模型性能的下降。若在多个 GPU 上训练，还需初始化分布式后端以负责同步相应 GPU 节点（适合多主机多 GPU 的场景）或根据 GPU 的编号，选择只使用某些 GPU（适合单主机多 GPU 的场景）。因此在创建和加载模型前，需要首先有根据相关参数设置检查和判断 CUDA（通用并行计算架构，可使 GPU 解决复杂计算问题）、GPU 等设备是否可用和是否启用的条件，然后再定义和调用相应设备，并确保数据和模型在训练开始前已被移动到正确的相同的设备。

（3）Step3：创建模型，一个基于 BERT 的用于文本序列分类的方法模块。该模块的主要功能是通过配置文件和分类标签列表加载 BERT 预训练模型；根据配置文件中的 *hidden_dropout_prob* 参数设置模型的 dropout 比率，以避免模型在训练中产生过拟合问题；在 BERT 模型的最后输出层上增加一个线性层（逻辑函数）作为分类器用于分类训练。分类器最常用的最基础的损失函数一般为交叉熵（CrossEntropyLoss），能够表征真实样本类别和预测类别概率分布之间的距离，距离越小，交叉熵越小，表明两者之间越接近。但交叉熵用于多分类任务时，通常计算的是每一个样本对应于每个分类标签的归一化结果，即需要假设和保持每个样本属于多个分类标签的概率总和为 1，最后哪个结果值大，则将其判定到哪一类。但在实际样本中，往往每个样本的多个分类标签之间可能是相互独立的，没有明显关系，所以概率之和不一定为 1。基于上述考虑，本书主要使用二进制交叉熵（BCEWithLogitsLoss）来取代原模型的交叉熵函数，可以在计算损失时为每一个分类标签分配独立的概率，使得模型的适配性和数值计算的稳定性更好。二进制交叉熵的计算方法如公式 5.1 所示：

$$loss(ouput, target) = -\frac{1}{n}\sum_i weight_i(target_i * \log(sigmoid(output_i)) + (1 - target_i) * \log(1 - sigmoid(output_i)))$$

（公式 5.1）

其中，*output* 表示原 BERT 模型输出，实质是对其再增加一个激活函数 sigmoid 运算，用于将原输出的实数向量映射到 (0,1) 的区间，在特征比较复杂或相差不是很大时效果较好。当损失计算不进行输出缩放（降维，一般情况下不降维，但有的应用场景可能再进行输出求和或求平均就会导致降维）时，将与原输出向量具有相同的维数。*target* 表示预测的目标类别。*weight* 表示可以为每一批次元素的损失手动调整权重，给定值必须为等同于批次大小的张量，默认情况下，也可以不给定，所有批次的权重都为 1。

（4）Step4：设计优化器，即模型的训练优化算法。深度神经网络的优化算法通常是由一个反向传播算法与一个梯度下降算法组成。一般的浅层神经网络通过梯度下降算法即能够使网络参数不断收敛至全局或局部最小值，但由于深度神经网络层数太多，还必须通过反向传播算法把误差逐层地从输出反向传播到输入以实现逐层地更新网络参数。目前主流的深度学习优化算法有 Adam 算法、动量算法、RMSprop 算法、梯度下降算法、同步聚合梯度算法等。不同优化算法的特点不同：如梯度下降算法是最原始最基础的算法，是一次性将所有训练集都载入并计算全部的梯度，由于梯度方向是函数值变大的最快的方向，因此负梯度方向则是函数值变小的最快的方向，因此只要沿着梯度相反的方向逐步迭代更新权重，算法函数就能够收敛到最小值，但缺点是计算量太大，普通的 GPU 难以承载算法运行。如同步聚合梯度算法主要应用于异步训练场景，常规地对于 N 个训练集的异步训练，梯度将独立地应用到变量 N 次，该算法通过从所有训练集副本中收集梯度并进行平均，然后一次性地将其应用到变量中，从而实现了梯度的快速更新并且避免了梯度过时。如动量算法主要是从训练集中采集一定数目小批量样本，采用指数加权平均方法来计算梯度，比标准梯度下降算法具有更快的收敛速度。如 RMSprop 算法也是从训练集中采集一定数目小批量样本，主要采用归一化方法来计算梯度，并增加了衰减率指标，可以通过调整不同维度上的步长加快收敛速度，但由于梯度衰减问题，会导致后期训练速度变慢。本书主要基于 Adam 算法实现了一个对 BERT 模型进行权重衰减修正的训练优化方法（BERTAdam）。Adam 算法实质上是动量算法和

RMSprop 算法的结合，集成了两者的优点，相当于先对原始梯度进行指数加权平均，接着进行归一化处理，最后再更新梯度，可以有效避免一开始梯度小导致的学习步长较大，后期收敛效果不好的问题。Adam 的权重 w 迭代更新的计算方法如公式 5.2 所示：

$$\begin{cases} v = b_1 v + (1-b_1)dw \\ s = b_2 s + (1-b_2)dw^2 \\ w = w - \alpha \dfrac{v}{\sqrt{s+e}} \end{cases} \qquad \text{（公式 5.2）}$$

其中，b_1 和 b_2 表示 Adam 进行矩估计的指数衰减速率，e 表示学习步长。一般情况下，$b_1 = 0.9$，$b_2 = 0.999$，$e = 1e\text{–}6$。

BERTAdam 除了具有 Adam 算法的固有参数 b_1、b_2、e 外，主要参数还有：*learning rate*（学习速率）、*rate schedule*（速率计划，–1 表示使用恒定的学习速率）、*warmup*（预热学习率）、*schedule*（预热学习的计划，常为一个线性函数 warmup_linear）、*num_train_steps*（训练总步数）、*weight_decay_rate*（权重衰减速率，默认为 0.01）、*max_grad_norm*（梯度的最大范数，默认为 1.0）。其中，*训练总步数 = 训练集的实例总数 / 训练的批次大小 /（梯度累积的步数 × 训练的周期数）*。预热学习的意义是：由于刚开始训练时，模型的权重是随机初始化的，此时若选择一个较大的学习率，可能导致模型的不稳定，选择 warmup 预热学习的方式，可以使得开始训练的几个周期或者一些步数内学习率较小，在预热的小学习率下模型就可以慢慢趋于稳定，等到模型相对稳定后再选择预先设置的全局学习速率进行训练，可以使得模型收敛速度变得更快，模型效果更好。

（5）Step5：加载训练数据。首先，调用 5.3.2.3 小节的数据处理与特征表示方法，读取训练数据，形成特征表示，并进一步转换为深度神经网络可读的张量及张量集。接着，设计采样器，即模型的训练采样方法。目前主流的采样方法有随机采样、顺序采样、分布式采样、权重随机采样等。其中随机采样是最常使用的采样方法，比较简单，是在全部样本中进行随机采样，采样的范围比较广。顺序采样是指按样本元素排列的固定顺序进行采样，分布式采样主要用于分布式深度学习时进行采样，权重随机采样主要是根据样本类别的权重来确定从哪个样本类别中进行采样，主要用于样本类别比例不均衡时进行重采样的场景。本书主要使用随机采样方法（后期也可更改尝试其他采样方法，以对比相同条件下，不同采样方法对模型精度的影响）来设计采样器。最后，将训练张量集、采样器、训练批次大小等作为参数，传入模型的数据加载器，实现训练数据加载。

（6）Step6：模型训练与评估。训练的第一步是根据预设的训练批次大小，从已加载的训练数据中生成一个批次的数据，进行训练与计算损失等，然后迭代该过程，直至全部训练周期结束。每一轮训练中，如果使用的 GPU 节点大于 1，则当前损失等于多个 GPU 上的损失均值；如果同时使用了 32 位浮点精度和 16 位浮点精度的混合精度训练，则权重、梯度、激活函数等一般都会被保存为 16 位浮点精度的形式，在损失缩放大于 1 的时候，则*当前损失 = 既有损失 × 损失范围*；当梯度累积的步数 >1 时，则*当前损失 = 即有损失 / 梯度累积的步数*。然后继续进行梯度的反向更新。同时，每一轮训练结束后会在验证集上进行评估验证，主要是计算相应的 F1 值，如果 F1 值大于此前最高分则保存模型参数，否则设置一个标志位 flags 将其加 1。如果 flags 大于某个预设常数 N，即连续 N 轮内，模型的性能都没能够继续得到优化，则停止训练过程。N 一般设置为 8 或根据实际情况来增加或减少。如果当前周期数超过预先设定的最大训练周期，也将停止迭代训练过程。最终训练结果除了得到分类模型外，还可以计算出当前模型的评估精度、评估损失值、训练与优化的全局步数、平均损失值（总损失 / 训练集遍历的总步数）等。

（7）Step7：模型测试与应用。测试过程与训练阶段相似，需要加载训练阶段的得分最高模型，读取测试数据进行数据处理与特征表示，转换为特征向量，输入模型，最后根据测试结果对模型进行评分。应用过程，则是直接加载最终的分类模型，对无标签数据进行预测分类，获得其分类标识。

表 5.2 微调 BERT 模型的基本参数

Table 5.2 Basic Parameters for Fine-tuning BERT

参数名称	含义描述	常规取值
data_dir	输入数据的目录，即存放分类标注语料train、dev、test的路径	字符型，必备，自定义
bert_config_file	预训练模型的配置文件的存放路径，用于指定模型的架构	字符型，必备，自定义
task_name	训练的任务名称，对应于自定义数据处理函数的声明名称	字符型，必备，自定义
vocab_file	预训练模型的词汇表的存放路径	字符型，必备，自定义
output_dir	输出数据的目录，即存放训练结果的会被写入模型检查点的文件夹路径	字符型，必备，自定义
init_checkpoint	初始化检查点，预训练模型的TensorFlow检查点的存放路径	字符型，默认为空
do_lower_case	是否将输入文本转换为小写。若使用预训练模型为uncased，则为true；否则为false	布尔型，默认为false
max_seq_length	经WordPiece模型标记化处理后的最大允许总输入序列长度。如果输入序列大于此值将被截断，小于此值位置将被填充为0	整型，默认为128
do_train	是否执行训练	布尔型，默认为false
do_eval	是否在验证集上执行评估验证	布尔型，默认为false
train_batch_size	训练的总批次大小	整型，默认为32
eval_batch_size	评估的总批次大小	整型，默认为8
learning_rate	Adam算法的初始学习速率	浮点型，默认为5e-5
num_train_epochs	要执行的训练总周期数	浮点型，默认为3.0
warmup_proportion	训练中执行预热线性学习率的比例	浮点型，默认为0.1
save_checkpoints_steps	保存模型检查点的频率	整型，默认为1000
gradient_accumulation_steps	梯度累积的步数，即在执行反向/更新过程之前要累积的更新步数。	整型，默认为1

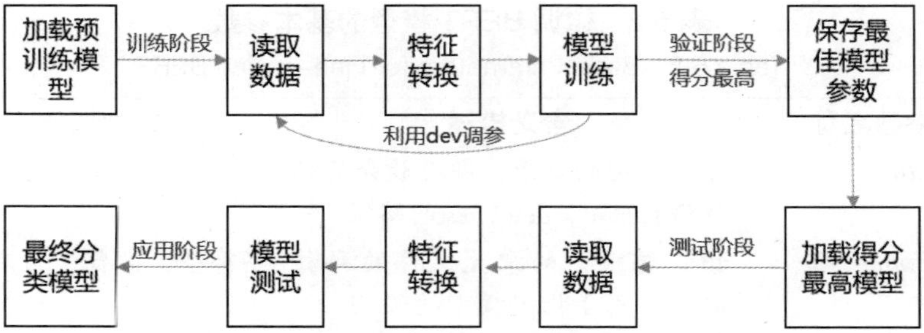

图5.4 基于BERT的分类关系自动识别模型的训练与优化流程
Figure 5.4 Training and Optimization Process of Automatic Recognition Model of Classification Relationship based on BERT

5.3.3 基于 XLNet 的分类关系自动识别模型构建

5.3.3.1 XLNet 与 BERT 模型的异同点分析

XLNet 是 Google Brain 的 Zihang Dai 和美国卡耐基梅隆大学的 Zhilin Yang 等在 2019 年 6 月联合推出的一个基于泛化自回归预训练的语言理解模型。XLNet 与 BERT 并不是两个完全不同的模型，实质都源自深度学习中的无监督表示学习方法，具有共同的训练流程和目标：首先，（模型发布者）预先利用海量无标记的文本语料集和深度神经网络算法训练出无监督的可重用的深度学习预训练模型[177]，供各方下载使用；其次，（模型使用者）可利用下游具体任务所需的相应标注语料对预训练模型进行微调，最终获得相应任务的决策模型，供嵌入应用。同时在整个无监督表示学习方法体系中，相关不同文献提出的不同语言模型有很多，但目前只有自回归和自编码已被证明是其中两个应用较成功的范式。

以往的自回归语言模型（如 GPT、GPT-2 等）主要利用文本序列的上下文词来预测下一个词出现的可能性（概率分布），而上下文词通常被限制在目标词的前向或后向，因此只能编码单向上下文，并将对其“可能性”的求解仅转换为前向条件概率乘积或后向条件概率乘积，无法建模更深层次的双向上下文。而下游任务尤其是比较复杂的语言理解任务（如自动问答、机器翻译等），一般又非常需要深层次的双向上下文语境信息，这就使得自回归语言模型的语言建模与预训练之间常常存在着较大差距，并已成为一个难以调和的矛盾。而 BERT 属于自编码语言模型，其遮蔽语言模型和变压器—注意力架构使得其可以无视方向和距离编码深层双向上下文信息，有效避免了自回归语言模型中难以调和的信息差距缺陷，极大地提高了预训练的效率。但 BERT 的遮蔽语言模型 MLM 在预训练过程中过度依赖使用遮蔽标记“[MASK]”来重建（又称破坏）输入，而遮蔽标记在下游任务的实际数据中并不存在，则导致预训练与微调之间会存在一定差异。并且 BERT 的遮蔽机制常忽略了遮蔽位置之间的依赖关系，无论预测的目标位置在哪里，变压器机制的权重对于不同情况都是一样的，因而无法像自回归语言模型一样使用乘积规则对预测标记间的联合概率分布进行建模。

因此，针对现有语言模型存在的各种不足，XLNet 是以 BERT 为启发，提出的一种充分结合了自回归和自编码语言模型的优点并尽可能避免两者缺点的泛化自回归预训练模型。首先，与以往的只能求解固定顺序的条件概率乘积和建模单向上下文的自回归模型相比，XLNet 提出了置换语言模型，通过求解文本索引序列的所有可能因式分解顺序的对数似然实现了对双向上下文的建模和学习。其次，与自编码语言模型及 BERT 相比，XLNet 属于泛化自回归模型，使用的是因式分解方法，不依赖遮蔽标记来重建输入，因而不受预训练和微调之间差异的影响，并可以使用乘积规则对预测标记间的联合概率分布进行建模。具体来说，给定一个文本序列 $x=\{x_1,...x_t\}$，*Interest* 表示对 x 感兴趣的目标上下文对集合 $Interest=\{(x_i,U_j)\}$，$x_i\in x$，其中 U_j 是 x 中形成 x 上下文的一个标记集合。*Target* 表示预测目标的标记集合，*Non_target* 表示非目标标记集合，$Non\_target=x\backslash Target$。则 BERT 和 XLNet 的预训练目标是希望通过预训练损失项 $logp(x|U)$ 来学习 x 对 U 的依赖性，终极目标是最大化 $\theta=logp(Target|Non\_target)$，但使用了不同的计算方法，如公式 5.3 所示：

$$\begin{cases}\theta_{BERT}=\sum_{x\in Target}\log p(x|Non_{target})\\ \theta_{XLNET}=\sum_{x\in Target}\log p(x|Non_{target}\cup Target_{<x})\end{cases} \quad \text{（公式 5.3）}$$

其中，$Target_{<x}$ 表示 *Target* 中的标记在 x 之前具有的因子分解顺序。这两个目标都由以 $\log p(x|V_x)$ 形式存在的多个损失项组成。直观地说，如果存在一个目标上下文对 $(x,U)\in Interest$，使得 $U\in V_x$，那么损失项

$logp(x|V_x)$ 就提供了一个 x 和 U 之间具有依赖性的训练信号。此时，如果 $U \in Non\_target$，则 (x,U) 的依赖性同时被 BERT 和 XLNet 所考虑到；如果 $U \in (Non_{target} \cup Target_{<x})$，并且 $U \cap Target_{<x} \neq \Phi$，则只有 XLNet 考虑到。因而，XLNet 考虑了比 BERT 更多的依赖性，因而训练目标包含了更有效的训练信号。

此外，XLNet 还改进了预训练模型的架构设计，提出了新的分布式计算方法，使用包含内容流与查询流的双流自注意力机制进行目标感知表示，并将 Transformer-XL（实质是 Transformer 架构的扩展）的分段递归、相对位置编码等机制策略融合进其预训练过程，以提升对长文本序列任务的建模性能。其中，内容流类似于标准 Transformer 架构中的隐藏层状态，表示对上下文信息和目标位置 Z_t 的内容 X_{Z_t} 本身进行编码。查询流表示只能访问上下文 $X_{z<t}$ 和位置 Z_t，而不能访问内容 X_{Z_t}。目前 XLNet 在 20 项语言理解任务实验中性能都优于 BERT，如自动问答、情感分析、自然语言推理等，当然也包括文本分类任务。

5.3.3.2 XLNet 预训练模型的获取与准备

XLNet 的预训练模型是以 Wikipedia、BookCorpus、Giga5、ClueWeb、Common Crawl 等多个大型语料库为基础，通过启发式方法分别过滤掉了其中的较短或低质量文章，最终共获得了大约 126GB 的纯文本数据作为预训练数据，然后经句子块模型 SentencePiece 标记处理得到 32.89B 子词块后作为输入训练而成。目前 XLNet 在 GitHub 上总共公开了 2 个预训练模型，都是保留大小写的，大型号版 XLNet-Large 和基础版 XLNet-Base。与 BERT 基本相同，每个模型的文件压缩包也主要包含三项内容：①前缀都为 xlnet_model.ckpt 的文件：负责保存模型的预训练权重参数的 TensorFlow 检查点，实际也是由数据、索引和元数据（图结构）3 个文件组成。② Spiece.model 文件：负责标记化 / 去标记化处理的句子块模型。③ Config.json 文件：用于存储和管理超参数的配置文件。

5.3.3.3 基于 XLNet 的分类模型的训练与优化

目前基于深度学习的文本分类的核心流程大都相同（见 5.2.3 小节），

再加上 XLNet 和 BERT 的渊源颇深，因而基于 XLNet 构建领域本体分类关系自动识别模型的核心方法过程与基于 BERT 构建的核心方法过程也高度类同，主要包括多标签分类标注语料的生成（同 5.3.2.2 小节）、语料的处理与特征表示(同5.3.2.3小节)、分类模型的训练与优化(同5.3.2.4小节)，因此相同流程部分这里将不再赘述。其中不同的细节主要有以下方面。

（1）对文本序列进行标记化处理时，所使用的分割模型不同。BERT 使用的是词块模型 WordPiece，XLNet 使用的是句子块模型 SentencePiece[178]，两者对比如表 5.3 所示。SentencePiece 是一个无监督的纯数据驱动地致力于从原始句子中训练标记化和去标记化处理模型的文本标记器和解标器，主要用于基于神经网络的文本生成系统或神经机器翻译模型。SentencePiece 是子字词单元的重新实现，实现了子字词正则化的子字词采样算法，它通过动态子字词样采样实际增强了训练数据，能够提高神经机器翻译模型的准确性和鲁棒性。SentencePiece 主要支持两种分割算法：字节对编码 BPE 和 unigram 语言模型，并且与一般无监督分割算法通常假设词汇量是无限的不同，SentencePiece 训练的分割模型的最终词汇量大小是固定的，一般为 8k、16k 或 32k。具体训练时，SentencePiece 将输入文本视为不依赖特定语言逻辑的一系列 Unicode 字符，空格也作为普通符号处理，并且为了明确地将空格作为基本标记处理，首先使用元符号“▁”（U + 2581）转义空格，如将文本序列“Deep Learning.”先转义为“Deep▁Learning.”，然后再将文本分割为小块，“[Deep] [▁Learn] [ing] [.]”。由于空格在分割文本中保留，因此很容易对文本再进行去标记化处理，即可以在不依赖特定语言资源的情况下执行无损和可逆转换，并且只要使用相同的模型文件，就可以获得相同的标记化 / 去标记化处理。此外，对于空行（一篇新文档开始）、段落结束(一篇文档中的一段)等常见分段标志，都会有相应的特殊标记来标识，并对应分配有固定的 ID，如图 5.5 所示。最终，基于上述方法，XLNet 借助 SentencePiece 通过先将句子分割为子字词，然后拼接所有子字词的 ID，实现了快速高效地直接从原始句子生成词汇的 id 序列(数值向量)。

表 5.3 SentencePiece 与 WordPiece 的对比

Table 5.3 Comparison of SentencePiece and WordPiece

功能特性	SentencePiece	WordPiece
支持的分割算法	BPE、unigram、char、word	BPE+（谷歌对标准 BPE 有改进）
操作支持系统	有	谷歌内部
子字词正则化	支持	否
Python 库	支持	否
C++ 库	支持	否
是否需要预分割	否	是
是否可定制规范化	是	否
直接 ID 生成	是	否

```
special_symbols = {
    "<unk>"  : 0,
    "<s>"    : 1,
    "</s>"   : 2,
    "<cls>"  : 3,
    "<sep>"  : 4,
    "<pad>"  : 5,
    "<mask>" : 6,
    "<eod>"  : 7,
    "<eop>"  : 8
}
```

图5.5 领域文本中的特殊标记类型

Figure 5.5 Special Tag Types in Domain Text

（2）对标记化的文本序列进行特征表示和转换形成预训练的输入时，所使用的建模方法不同。BERT 使用的是遮蔽语言模型和绝对分段 / 位置编码方案，XLNet 使用的是置换语言模型和相对分段 / 位置编码方案。一开始跟 BERT 类似，随机采样两个段（来自相同的或不相同的上下文）并将两个段串联在一起视为一个序列以执行置换语言建模。具体来说，模型的输入类似于 [A，SEP，B，SEP，CLS]，其中“SEP”和“CLS”是两个特殊标记，“A”和“B”是两个文本段。尽管也遵循两段数据格式，但 XLNet 并未和 BERT 一样，将下一个句子作为预测目标。而且在结构上，与 BERT 将绝对分段嵌入添加到每个位置的词嵌入的做法不同，XLNet 主要使用 Transformer-XL 的相对编码方法对段进行编码。具体来说，给定序列中的一对位置 i 和 j，如果 i 和 j 来自同一段，则使用分段编码 $s_{ij}=s_+$，否则使用 $s_{ij}=s_-$，其中 s_+ 和 s_- 是每个注意头的可学习的模型参数。直白地说，XLNet 只考虑上述两个位置是否属于同一段，而不考虑它们来自哪个特定段，即仅模拟位置之间的关系。当 i 参与 j 时，分段编码 s_{ij} 用于计算注意力权重 $a_{ij}=(q_i+b)^T s_{ij}$，其中 q_i 是在标准注意力操作中的查询向量，并且 b 是可学习的头部特定偏置向量。最终，a_{ij} 将被添加到正常注意力权重中。使用相对分段编码有两个优点：首先，相对编码的归纳偏差提升了模型的泛化能力。其次，它开启了对具有两个以上输入段的任务进行微调的可能性，这是使用绝对分段编码无法实现的。

（3）执行分类/回归预训练和微调的核心模型和实现程序有所不同。预训练模型方面 XLNet 主要是定义了 Transformer_XL 计算图结构，实现了基于相对位置编码的双流注意力机制，同时也实现了类似于 BERT 的基于绝对位置嵌入的标准注意力机制。在微调阶段，除了实现了类似于 BERT 的标准文档分类和损失计算方法外，还实现了基于回归的文档分类和损失计算方法，并支持通过超参数 is_regression（true 表示执行回归分类，false 表示执行标准文档分类）来调用相应方法。同时支持使用超参数 eval_all_ckpt（true 表示允许，false 表示不允许）来决定是否允许在训练结束后评估所有已保存的检查点（保存的检查点个数由 max_save 参数控制，如果为 0 表示保存全部；保存频率由 save_steps 参数控制，如果为 None，表示不保存任何模型），并根据验证性能选择最佳模型。其他调用的超参数（见表 5.2）、优化算法、训练与评估、测试与应用方法与 BERT 基本相同（同 5.3.2.4 小节）。

5.4 轻量级领域本体分类关系自动识别的实验应用

5.4.1 分类关系识别的实验数据集的获取与预处理

为了总体研究工作的连续性，本章仍以资源环境学科领域为例展开试验研究。同样，由于目前网络上并没有公开可获取到的资源环境学科领域的中文分类标注语料集，本章仍采用本书 3.2 小节研究的方法，自行构造语料集。首先，邀请了资源环境学科领域的专家和老师一起，实验制定了资源环境学科领域的初始化本体分类体系（包含 11 个一级类目），用以作为领域本体分类关系识别的基础支撑框架，如表 5.4 所示。其次，为了保证实验所用的领域语料既具有新颖性、前沿性又具有一定的权威性、专业性，主要采集了以核心期刊 / 会议论文为主的学术文献类语料。与本书 4.4.1 小节的过程类似，主要通过 Web of Science 数据库，选择中国科学引文数据库 CSCD，以该分类体系为基础分别构造检索式进行高级检索，时间跨度为 2010—2019，基于 Web Services API 编写接口调用程序和 XML 解析程序对学术论文相关的元数据进行自动采集和解析抽取。如以“农业科学”为例，构造的主题检索式为“SU= AGRICULTURE”。同时，出于对样本的均衡性考虑，应保证每个分类下的数据总量都相差不大（如 30000 左右）。对于有些类别，如地理学等，在上述时间跨度内，可能核心论文的数据总量比较少（少于 3000），则可相应扩大时间范围到 1864—2019（Web of Science 支持的最大时间跨度）。若仍数据量比较少，可考虑从 CNKI 再获取一部分中文核心期刊论文元数据作为补充。最后，将获取到的学术文献的文摘（标题 + 摘要，Text）及对应的中文类目名称（作为类别标签，label）以 5.3.2.2 节所述格式生成 3 个 CSV 文件，分别作为训练集（train.csv）、验证集（dev.

csv）和测试集（test.csv），并保证每个类别下 3 个集中数据比例大概为 8∶1∶1。删除一些出现乱码的文本序列，最终得到的有效训练集的文本序列数为 304204 个，验证集的文本序列数为 38855 个，测试集的文本序列数为 39596 个，将 3 个 CSV 文档存放到服务器指定路径 *$CORPUS_DIR/resource* 待用。数据集示例如图 5.6 所示。

id	text	AGRICULTURE	ATMOSPHERE	GEOLOGY	GEOPHYSICS	HYDROLOG	OCEANOGRA	GEOGRAPHY	BIOLOGY	ENVIRONME	RESOURCE_	SOCIOLOGY
6474621	基于不同人为干扰	1	0	0	0	0	0	0	0	0	0	0
6476400	抗稻瘟病三系杂交	1	0	0	0	0	0	0	0	0	0	0
6476379	优质抗稻瘟病三系	1	0	0	0	0	0	0	0	0	0	0
6473025	灌溉方式和改良措	1	0	0	0	0	0	0	0	0	0	0
6474699	有机多肽酶活性促	1	0	0	0	0	0	0	0	0	0	0
6472840	赤霉素及其抑制剂	1	0	0	0	0	0	0	0	0	0	0
6475477	摆杆驱动式残膜回	1	0	0	0	0	0	0	0	0	0	0
6473929	基于干燥均匀性的	1	0	0	0	0	0	0	0	0	0	0
6476299	利用秸秆和肥料增	1	0	0	0	0	0	0	0	0	0	0
6474020	桂花表型变化的环	1	0	0	0	0	0	0	0	0	0	0
6472792	玉米赤霉素受体基	1	0	0	0	0	0	0	0	0	0	0
6474722	盐胁迫下草麻黄电	1	0	0	0	0	0	0	0	0	0	0
6472821	花生DNA 的五种改	1	0	0	0	0	0	0	0	0	0	0
6475988	超级早稻氮磷钾养	1	0	0	0	0	0	0	0	0	0	0
6473904	双自由度多铰接仿	1	0	0	0	0	0	0	0	0	0	0
6474086	青天葵独脚金内酯	1	0	0	0	0	0	0	0	0	0	0
6474639	不同青贮玉米大啤	1	0	0	0	0	0	0	0	0	0	0
6474698	不同CO_2浓度下大	1	0	0	0	0	0	0	0	0	0	0
6474614	基于无人机高光谱	1	0	0	0	0	0	0	0	0	0	0
6474014	叶绿素荧光成像在	1	0	0	0	0	0	0	0	0	0	0
6473898	基于衍射重构技术	1	0	0	0	0	0	0	0	0	0	0
6474632	干旱区不同谷子品	1	0	0	0	0	0	0	0	0	0	0
6475476	残膜回收机逆向脱	1	0	0	0	0	0	0	0	0	0	0
6473023	连年翻压紫云英对	1	0	0	0	0	0	0	0	0	0	0
6474000	布鲁氏菌VirB12蛋	1	0	0	0	0	0	0	0	0	0	0
6476283	玉米低温响应NAC	1	0	0	0	0	0	0	0	0	0	0
6474636	干旱和复水对两种	1	0	0	0	0	0	0	0	0	0	0
6475987	干旱半干旱区谷子	1	0	0	0	0	0	0	0	0	0	0
6475983	红景天提取物对缺	1	0	0	0	0	0	0	0	0	0	0

图5.6 资源环境领域的多标签分类语料示例

Figure 5.6 Example of Multi-Label Classification of Resources and Environment Domain

表 5.4 资源环境领域的初始化本体分类体系

Table 5.4 Initial Ontology Classification of Resources and Environment Domain

中文类目名称	英文类目名称	类目标记 ID
农业科学	AGRICULTURE	1
大气科学	ATMOSPHERE	2
地质学	GEOLOGY	3
地球物理学	GEOPHYSICS	4
水文学	HYDROLOGY	5
海洋学	OCEANOGRAPHY	6
地理学	GEOGRAPHY	7
生物学	BIOLOGY	8
环境科学	ENVIRONMENTAL SCIENCE	9
资源科学	RESOURCE SCIENCE	10
社会科学	SOCIOLOGY	11

5.4.2 分类关系识别的实验方法、工具与关键过程

本节的实验服务器为ThinkStation P720塔式工作站，Linux操作系统，版本为Ubuntu 18.04，64位，64G内存，NVIDIA TITAN RTX 24G GPU。此外，还需要预先下载和安装Python的集成开发环境Anaconda3，并在其中安装和搭建PyTorch虚拟运行环境及相关的依赖包，如Pytorch-transformers（支持包括BERT和XLNet在内的20多个预训练模型）、matplotlib（Python的图形库，用于模型训练结果的可视化展示）、sklearn（Python的机器学习库，用于数据处理）、pandas（Python的数据分析库）；下载和安装Python的集成开发工具PyCharm（智能代码编辑器），并将PyTorch虚拟运行环境配置为试验程序的外部链接库，用以加载BERT和XLNet，进行程序二次设计和开发。实验的关键过程如下：

（1）基于BERT的领域本体分类关系自动识别模型构建实验

首先，BERT预训练模型的获取与准备。如5.3.2.1小节所述，目前BERT官方在GitHub上已开源了一个中文预训练模型base版。但该模型自最初发布后再没有更新过，训练使用的数据量、训练批次都相对比较小，且模型训练使用的中文语料是以字为粒度进行切分，并没有考虑到中文分词的问题。调研发现，随着BERT得到高度关注，国内外实力比较雄厚的相关研究团队开始基于BERT及BERT原始的中文预训练模型，通过改进训练任务和数据生成方式（如取消对下一个句子的预测，改为句子排序预测）、语言模型的遮蔽方式（如随机遮蔽、全词遮蔽等）、训练时间更长久、训练批次更大、训练语料（更大数据量，更多来源类型数据）、训练优化器（如LAMBOptimizer、AdamWeightDecayOptimizer等）、训练所用的深度学习框架（如TensorFlow、PyTorch等）等，陆续训练出了一批覆盖领域更多样化，性能更强大的中文预训练模型。如清华大学人工智能研究院公开的百度百科BERT[179]。如哈尔滨工业大学讯飞联合实验室公开的BERT-wwm、BERT-wwm-ext等[180]。近期，美国Facebook AI和华盛顿大学联合发布了RoBERTa-wwm-large、Roberta-base等[181]。基于上述研究，将上述训练模型都预先下载到服务器指定目录*$BERT_DIR*待用。其次，从GitHub上下载BERT源码，导

入 PyCharm，按 5.3.2.3 小节所述，加入对实验语料数据进行预处理、特征表示和转换的自定义程序（声明为 RESOURCE），按 5.3.2.4 小节所述，准备模型的超参数，配置 GPU，创建模型，设计优化器，设计采样器等，为微调 BERT 模型做准备。接着，通过命令和超参数设置，运行 BERT 分类脚本，加载试验语料和与训练模型，执行微调，对模型进行训练与优化。最佳模型参数将输出和保存在 *$MODEL_DIR/bert_output* 目录。所使用命令参数如图 5.7 所示，语料预处理与特征表示过程如图 5.8 所示，预训练模型加载过程如图 5.9 所示。

```
python run_classifier.py
  --task_name=RESOURCE
  --do_train=true
  --do_eval=true
  --data_dir=$CORPUS_DIR/resource
  --vocab_file=$BERT_DIR/roeberta_zh_L-24_H-1024_A-16/vocab.txt
  --bert_config_file=$BERT_DIR/roeberta_zh_L-24_H-1024_A-16/bert_config_large.json
  --init_checkpoint=$BERT_DIR/roeberta_zh_L-24_H-1024_A-16/roberta_zh_large_model.ckpt
  --max_seq_length=128
  --train_batch_size=32
  --learning_rate=2e-5
  --num_train_epochs=6.0
  --output_dir=$MODEL_DIR/bert_output
```

图5.7　基于BERT的分类模型训练的命令参数

Figure 5.7　Command Parameter of Training Classification Model based on BERT

图5.8　BERT语料预处理与特征表示过程

Figure 5.8　Preprocessing and Feature Representation of Corpus for BERT

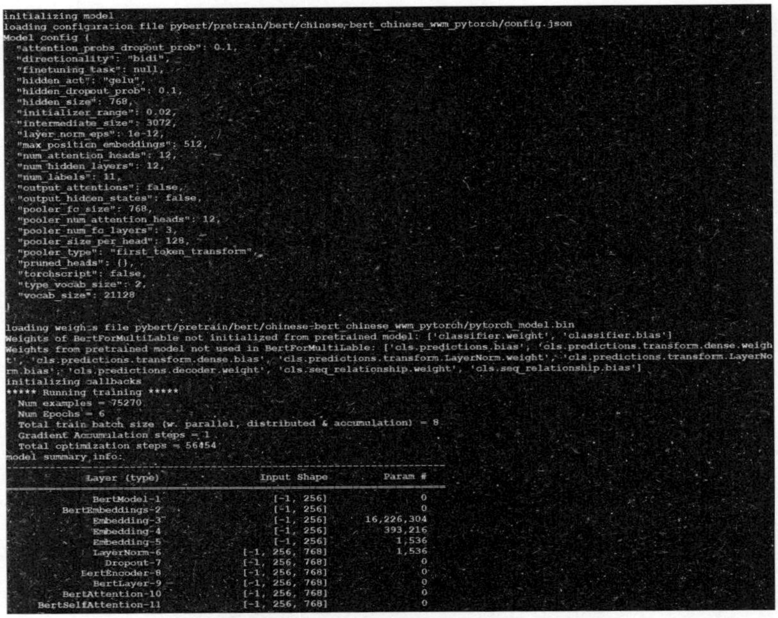

```
initializing model
loading configuration file pybert/pretrain/bert/chinese-bert_chinese_wwm_pytorch/config.json
Model config {
  "attention_probs_dropout_prob": 0.1,
  "directionality": "bidi",
  "finetuning_task": null,
  "hidden_act": "gelu",
  "hidden_dropout_prob": 0.1,
  "hidden_size": 768,
  "initializer_range": 0.02,
  "intermediate_size": 3072,
  "layer_norm_eps": 1e-12,
  "max_position_embeddings": 512,
  "num_attention_heads": 12,
  "num_hidden_layers": 12,
  "num_labels": 11,
  "output_attentions": false,
  "output_hidden_states": false,
  "pooler_fc_size": 768,
  "pooler_num_attention_heads": 12,
  "pooler_num_fc_layers": 3,
  "pooler_size_per_head": 128,
  "pooler_type": "first_token_transform",
  "pruned_heads": {},
  "torchscript": false,
  "type_vocab_size": 2,
  "vocab_size": 21128
}

loading weights file pybert/pretrain/bert/chinese-bert_chinese_wwm_pytorch/pytorch_model.bin
Weights of BertForMultiLable not initialized from pretrained model: ['classifier.weight', 'classifier.bias']
Weights from pretrained model not used in BertForMultiLable: ['cls.predictions.bias', 'cls.predictions.transform.dense.weigh
t', 'cls.predictions.transform.dense.bias', 'cls.predictions.transform.LayerNorm.weight', 'cls.predictions.transform.LayerNo
rm.bias', 'cls.predictions.decoder.weight', 'cls.seq_relationship.weight', 'cls.seq_relationship.bias']
initializing callbacks
***** Running training *****
  Num examples = 75270
  Num Epochs = 6
  Total train batch size (w. parallel, distributed & accumulation) = 8
  Gradient Accumulation steps = 1
  Total optimization steps = 56454
model summary info:
-----------------------------------------------------------
        Layer (type)              Input Shape       Param #
===========================================================
          BertModel-1               [-1, 256]             0
     BertEmbeddings-2               [-1, 256]             0
          Embedding-3               [-1, 256]    16,226,304
          Embedding-4               [-1, 256]       393,216
          Embedding-5               [-1, 256]         1,536
          LayerNorm-6          [-1, 256, 768]         1,536
            Dropout-7          [-1, 256, 768]             0
        BertEncoder-8          [-1, 256, 768]             0
          BertLayer-9          [-1, 256, 768]             0
     BertAttention-10          [-1, 256, 768]             0
 BertSelfAttention-11          [-1, 256, 768]             0
```

图5.9　BERT预训练模型加载过程

Figure 5.9　Pretrained Model Loading Process based on BERT

（2）基于 XLNet 的领域本体分类关系自动识别模型构建实验

过程与上文类似。首先，XLNet 预训练模型的获取与准备。目前 XLNet 官方并没有开源 XLNet 的中文预训练模型，国内只有哈尔滨工业大学讯飞联合实验室发布的 XLNet-mid、XLNet-base[182] 及 brightmart 发布的 XLNet-large[183]。基于上述研究，将所调研到的 XLNet 预训练模型都预先下载到服务器指定目录 $XLNET_DIR 待用。其次，从 GitHub 上下载 XLNet 源码，导入 PyCharm，按 5.3.3.3 小节所述，加入对实验语料数据进行预处理、特征表示和转换的自定义程序（声明为 RESOURCE），并准备模型的超参数，配置 GPU，创建模型，设计优化器，设计采样器等，为微调 XLNet 模型做准备。接着，通过命令和超参数设置，运行 XLNet 分类脚本，加载试验语料和上述与训练模型，执行微调，对模型进行训练与优化。最佳模型参数将输出和保存在 *$MODEL_DIR/xlnet_output* 目录。所使用命令参数如图 5.10 所示。其他过程主要是语料预处理与特征表示方法与 BERT 略有不同（如 5.3.3.3 小节所述），这里不再详细展示。

```
python run_classifier.py
  --use_tpu=false
  --do_train=true
  --do_eval=true
  --eval_all_ckpt=false
  --task_name=RESOURCE
  --data_dir=$CORPUS_DIR/resource
  --spiece_model_file=$XLNET_DIR/spiece.model
  --model_config_path=$XLNET_DIR/xlnet_config.json
  --init_checkpoint=$XLNET_DIR/xlnet_model.ckpt
  --max_seq_length=128
  --train_batch_size=32
  --eval_batch_size=8
  --num_hosts=1
  --num_core_per_host=8
  --learning_rate=2e-5
  --train_steps=4000
  --warmup_steps=500
  --save_steps=500
  --iterations=500
  --model_dir=$MODEL_DIR/bert_output
```

图5.10　基于XLNet的分类模型训练的命令参数

Figure 5.10　Command Parameter for Training Classification Model based on XLNet

5.4.3　分类关系识别的实验模型的评估与结果分析

BERT 与 XLNet 源码本身已提供了分类模型的相关评估程序，在上述训练优化过程中通过设置参数 *--do_eval=true* 即可开启评估流程，实现边训练边评估，但具体计算方法需要自行编写。常用评估指标有 AUC、损失值、准确率、精准率、召回率、F 值等。其中 AUC（Area Under Curve，曲线下面积），是目前业内用来评估分类模型是否有效的一个最常用指标，AUC 值越接近于 1，通常表明分类模型的真实性越好、应用价值越高，小于等于 0.5 时，则表明真实性比较差，几乎无应用价值。以基于 BERT 的分类模型为例，使用 BERT-wwm-ext 作为预训练模型，训练结果如图 5.11 所示，训练集上 AUC 为 0.9987，损失值为 0.0181，验证集上 AUC 为 0.9884，损失值为 0.0822。训练过程中的 AUC 变化如图 5.12 所示，损失值变化如图 5.13 所示。

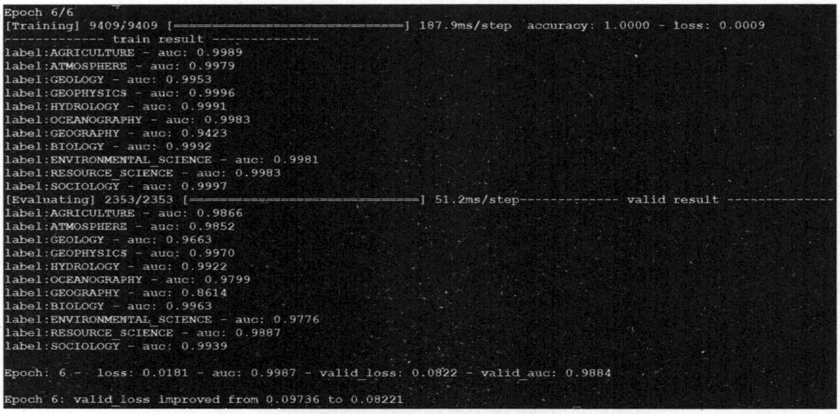

```
Epoch 6/6
[Training] 9409/9409 [==============================] 187.9ms/step  accuracy: 1.0000 - loss: 0.0009
------------- train result --------------
label:AGRICULTURE - auc: 0.9989
label:ATMOSPHERE - auc: 0.9979
label:GEOLOGY - auc: 0.9953
label:GEOPHYSICS - auc: 0.9996
label:HYDROLOGY - auc: 0.9991
label:OCEANOGRAPHY - auc: 0.9983
label:GEOGRAPHY - auc: 0.9423
label:BIOLOGY - auc: 0.9992
label:ENVIRONMENTAL_SCIENCE - auc: 0.9981
label:RESOURCE_SCIENCE - auc: 0.9983
label:SOCIOLOGY - auc: 0.9997
[Evaluating] 2353/2353 [==============================] 51.2ms/step------------- valid result -------------
label:AGRICULTURE - auc: 0.9866
label:ATMOSPHERE - auc: 0.9852
label:GEOLOGY - auc: 0.9663
label:GEOPHYSICS - auc: 0.9970
label:HYDROLOGY - auc: 0.9922
label:OCEANOGRAPHY - auc: 0.9799
label:GEOGRAPHY - auc: 0.8614
label:BIOLOGY - auc: 0.9963
label:ENVIRONMENTAL_SCIENCE - auc: 0.9776
label:RESOURCE_SCIENCE - auc: 0.9887
label:SOCIOLOGY - auc: 0.9939

Epoch: 6 - loss: 0.0181 - auc: 0.9987 - valid_loss: 0.0822 - valid_auc: 0.9884

Epoch 6: valid_loss improved from 0.09736 to 0.08221
```

图5.11 基于BERT的分类模型的评估结果

Figure 5.11 Evaluation Result of Classification Model based on BERT

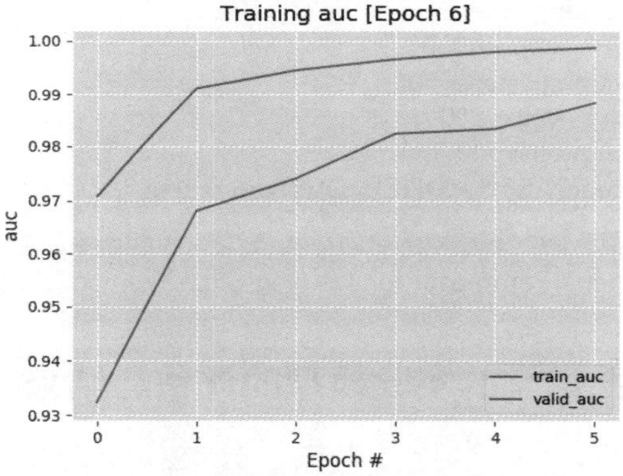

图5.12 基于BERT的分类模型的训练AUC变化图

Figure 5.12 Training AUC Figure of Classification Model based on BERT

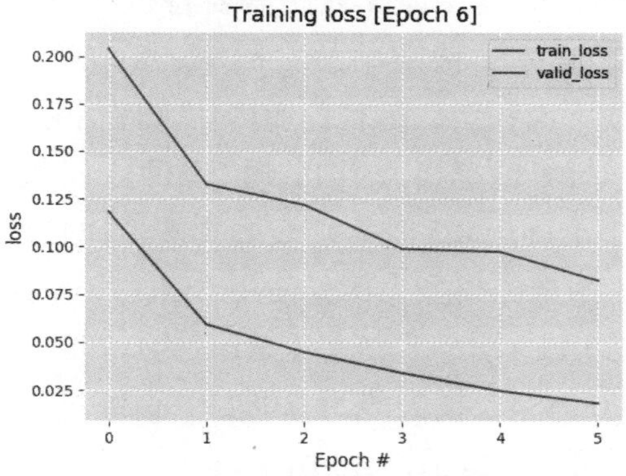

图5.13 基于BERT的分类模型的训练损失变化图

Figure 5.13 Training Loss Figure of Classification Model based on BERT

由上述图 5.12 和图 5.13 可以看出，AUC 变化是曲线上升的，最后接近于峰值 1.0，损失值变化是曲线下降的，最后收缩到最小，这基本符合了预期理想，AUC 和损失值应是负相关的，AUC 越大越好，损失值越小越好，也表明我们所构建和训练的分类模型的精度和收敛效果都很好。同时，在模型比较时，若 AUC 和准确率难以调和，则应优先选择 AUC 较高的，其次选准确率较高的，因为准确率仅表明了预测正确的概率，而 AUC 表明了预测正确的概率值比预测错误的概率值还要大的可能性。

同时，为了更好地进行评估和分析，在语料相同的情况下，还通过改变一些核心参数，如预训练模型、训练批次 / 周期、最大序列长度等进行了多次实验；并同时以其他主流深度学习分类模型如 TextCNN、TextRCNN、FastText、TestRNN、DPCNN、DRNN、AttnConvnet 等（见 5.2.2 小节及表 5.1 所述）为例，先训练模型，然后调用模型使用相同语料进行测试、评估和对比，部分实验过程如图 5.14 所示，总体对比实验结果如表 5.5 所示。

```
2020-01-29 10:31:01,464 - INFO - ✓ The format of your input is legal, now loading to next step...
2020-01-29 10:31:01,467 - INFO - ------------------------------------------------------------------------------------------------
                          ALLOW_SOFT_PLACEMENT|1
                                    BATCH_SIZE|512
                           BEST_CHECKPOINT_DIR|runs/1580181134/bestcheckpoints/
                                CHECKPOINT_DIR|runs/1580181134/checkpoints/
                             DROPOUT_KEEP_PROB|0.5
                                 EMBEDDING_DIM|100
                                EMBEDDING_TYPE|1
                                FC_HIDDEN_SIZE|1024
                      GPU_OPTIONS_ALLOW_GROWTH|1
                                  L2_REG_LAMBDA|0.0
                          LOG_DEVICE_PLACEMENT|0
                              LSTM_HIDDEN_SIZE|256
                                   NUM_CLASSES|367
                                   PAD_SEQ_LEN|100
                                TEST_DATA_FILE|../data/Test.json
                                     THRESHOLD|0.5
                                       TOP_NUM|5
                            TRAINING_DATA_FILE|../data/Train.json
                          VALIDATION_DATA_FILE|../data/Validation.json
----------------------------------------------------------------------------------------------
2020-01-29 10:31:01,467 - INFO - ✓ Loading data...
2020-01-29 10:31:01,467 - INFO - Recommended padding Sequence length is: 100
2020-01-29 10:31:01,468 - INFO - ✓ Test data processing...
2020-01-29 10:31:11,754 - INFO - ✓ Test data padding...
2020-01-29 10:31:15,358 - INFO - ✓ Loading best model...
2020-01-29 10:31:15,359 - INFO - /home/wangsl/Multi-Label-Text-Classification/RNN/runs/1580181134/bestcheckpoints/model-5000
2020-01-29 10:32:23,432 - INFO - ☛ All Test Dataset: Loss 2.86173 | AUC 0.99547 | AUPRC 0.477498
2020-01-29 10:32:23,432 - INFO - ☛ Predict by threshold: Precision 0.451672, Recall 0.413061, F1 0.431504
2020-01-29 10:32:23,432 - INFO - ☛ Predict by topK:
2020-01-29 10:32:23,433 - INFO - Top1: Precision 0.448047, Recall 0.393109, F 0.418784
2020-01-29 10:32:23,433 - INFO - Top2: Precision 0.337351, Recall 0.591973, F 0.429781
2020-01-29 10:32:23,433 - INFO - Top3: Precision 0.264327, Recall 0.6957, F 0.383098
2020-01-29 10:32:23,433 - INFO - Top4: Precision 0.221023, Recall 0.775505, F 0.344003
2020-01-29 10:32:23,433 - INFO - Top5: Precision 0.189999, Recall 0.833141, F 0.309431
2020-01-29 10:32:23,675 - INFO - ✓ Done.
```

图5.14　基于TextRNN的分类模型测试与评估结果

Figure 5.14　Test and Evaluation Results of Classification Model based on TextRNN

表 5.5　轻量级领域本体分类模型的实验结果

Table 5.5　Experimental Results of Lightweight Domain Ontology Classification Model

分类模型	预训练模型	AUC	准确率	损失值
TextCNN	Word2Vec	0.9925	0.3030	4.0673
TextRCNN	Word2Vec	0.9953	0.4271	3.0106
FastText	——————	0.9946	0.3709	3.0243
TextRNN	Word2Vec	0.9954	0.4516	2.8617
DPCNN	Word2Vec	0.9967	0.7956	0.0676
DRNN	Word2Vec	0.9969	0.8174	0.0664
AttnConvnet	Word2Vec	0.9978	0.8456	0.0514
BERT–Based	BERT–wwm–ext	0.9987	0.9961	0.0181
BERT–Based	RoBERTa–wwm–large	0.9995	0.9990	0.0094
XLNet–Based	XLNet–base	0.7145	0.8939	0.3029
XLNet–Based	XLNet–mid	0.7119	0.9697	0.1326

需要特别强调的是，表 5.5 中涉及基于 BERT 和 XLNet 的分类模型，本书通常将其训练周期设置为 3/6，训练批次为 8/16/32，学习速率为 2e–5/3e–5/5e–5，最大序列长度为 128/256（没有取到顶值 512 是因为所用深度学习服务器性能还达不到）。涉及其他深度学习模型，需要预训练模型的都使用 Word2Vec（Skip–Gram 算法），其他训练方法和参数取值范围不一样，皆借鉴前人研究，将其取值调整到相应算法支持的最大值或最优值。最终表中列出的精度和损失值为每个分类模型在验证集上通过多次调参实验后取的最优值。实验结果表明，同等条件下，其一，基于 BERT 和 XLNet 的分类模型的分类精度和效果要远远高于其他传统分类模型，可见 BERT 和 XLNet 是值得被改进和扩展应用的。其二，对于基于 BERT 和 XLNet 的分类模型来说，训练批次越大，训练周期越长，单次读取语料的最大序列长度越长，分类模型的精度会得到逐步提升，但相应训练时间会越长（由统计实际训练步数来反映），模型的收敛性反而不一定越好（由每一轮的损失值来反映）。此外，本书还发现最终分类模型精度是否有提高与当前 BERT 或 XLNet 使用的预训练模型的数据量大小关系并不大，因为同等条件下使用大号版 RoBERTa–wwm–large

微调得到的结果与使用基础版 BERT-wwm-ext 得到的结果差别并不明显，精度也没有显著提升。可见，也不是一味盲目增大所有参数就一定能获得最优分类结果，应该在实际应用时根据具体资源情况来合理调整参数。

此外，本书还做了其他一些对比实验：如使用搜狐语料库提供的新闻分类语料集（包含娱乐、股票、体育、时政等 12 个主题，约 60000+ 样本量，是目前网络上开源的比较知名的中文通用领域分类语料集）取代自己构造的实验语料，其他条件相同，进行了训练与评估，基于 BERT 的分类模型精度为 0.928，损失值为 0.222。如使用著名机器学习竞赛平台 Kaggle 提供的基于维基百科评论的毒性评论语料集（包含有毒的 toxic、严重毒性的 severe_toxic、威胁的 threat、身份仇恨的 identity_hate 等 6 个等级标签，约 120000+ 样本量，是网络上开源的比较知名的多标签分类语料集）也同样进行了训练与评估，基于 BERT 的分类模型精度为 0.987，损失值为 0.076。对比实验结果表明，其一，基于 BERT 和 XLNet 的分类模型具有极大的通用性，在其他领域仍能取得较高的分类精度。其二，语料集的质量对分类模型的精度影响非常大，只有大数据量、高质量的语料集才能获得最好的深度学习分类效果，也侧面表明本书通过机器程序自动获取、构建和预处理生成的多标签分类标注语料是相对准确的，技术路线是可行的，未来这套自动化的语料生成方法流程放在其他领域也将同样适用。

总的来说，本章研究表明，基于 BERT 和 XLNet 的深度学习机制改进和构建的领域本体分类关系识别模型，证明了从海量领域文本数据中自动学习和获取到领域本体分类关系的方法和路线是十分可行的，能够极大地减少人工的工作量和时间成本，具有极好的通用性和可移植性，并且与传统的分类方法相比分类精度和效果有了跨越式提升。未来，要进一步提高模型的精度，除了需要继续调整和优化模型相关的参数及方法外，可能还需要考虑建立对语料集质量（主要是分类标注的准确性）进行严格审查和修正的机制，以尽力提升有效样本集的数量，从数据源头上确保模型训练的可靠性和有效性。

5.5 本章小结

领域本体分类关系的自动识别是构建和形成轻量级领域本体知识框架结构的极为重要的核心步骤。本章通过对深度学习文本分类的关键技术进行剖析，以深度学习模型 BERT 和 XLNet 为基础，分别研究构建了基于 BERT 和 XLNet 的领域本体分类关系自动识别模型，并进行了实验验证与评估分析。具体研究内容有：分析研究了深度学习文本分类的关键技术，包括常见分类任务模式、主流分类模型、分类的核心流程与关键要素；通过对 BERT 和 XLNet 的技术原理如基本架构、语言模型、特征表示模式等进行深度分析，着重研究构建了两种轻量级领域本体分类关系自动识别模型，包括基于 BERT 和基于 XLNet 的分类关系自动识别模型；设计实施了两种轻量级领域本体分类关系自动识别的实验，并对实验结果进行了评估分析。

第6章

轻量级领域本体非分类关系的自动识别

6.1 相关工作基础与研究框架设计

6.1.1 非分类关系的基本定义与内容

领域本体非分类关系是指领域本体概念之间除了具有严格主题分类等级关系之外可能存在的其他各种语义 / 逻辑关系，常见的主要有上下位关系、同义关系、相关关系等。对于任意给定的一组概念 / 术语（X,Y）：

上下位关系是指如果 X 的外延包含了 Y 的外延，即 $Extensions(X) \supset Extensions(Y)$，$X$ 是 Y 更广泛的主题语义表示，那么可认为 X 与 Y 具有上下位关系，并可称 X 是 Y 的上位概念词（hypernym），Y 是 X 的下位概念词（hyponym）。同一个概念根据不同的划分层次，可以有一个或多个下位词，也可以有一个或多个上位词。如“生物”的下位词可以有“植物”“动物”等。如“南海”的上位词可以有“中国海”“北太平洋”等。此外，上下位关系在英文文献中通常被表述为“hypernym-hyponym”关系或“is-a”关系。从广义角度来看，上下位关系实质也可视为或转化为一种层次分类关系，但这种模式的分类对象通常是概念对，分类逻辑具有高度隐含性，分类界限又极其模糊，难以用严格意义上的互斥的二元或多元分类模型进行识别和预测。因而，本书将其与分类关系分开，归入非分类关系进行研究。

同义关系是指如果和在任何上下文语境中出现都具有完全或基本相同的语义（内涵和外延），即 $Semantics(X)=Semantics(Y)$，那么可认为与具有同义关系，并可相互称对方为同义概念 / 词（synonym）。通常主要是指当前概念的完全同义词、准替代词、专指词、准近义词等。如“可燃冰”与“天然气水合物”可认为是同义词（前者是后者的俗称）。“南海”与“南中国海”可认为是同义词（前者是后者的简称）。

相关关系是指如果 x 和 y 在同一上下文语境中可能多次出现，并且通过主题聚类（如 LDA、WordKmeas[184] 等）或相关性计算能够表征同一主题分布或具有较高相似度分值的情况，即 *Similarity*（*X*,*Y*）≈ 1.0 或 *Similarity*（*X*,*Y*）≥ Δ，其中 Δ 表示某个小于 1 的预设阈值，则称 *X* 与 *Y* 具有相关关系（correlation）。从所研究问题和方法的倾向性角度出发，本书将领域概念间除了上下位关系、同义关系之外的所有其他可能关联关系如共同下位词关系（co-hyponym）、部分—整体关系（meronymy）、实体—属性关系（Entity-Relation）、共现关系（co-occurrence）、因果关系、相互渗透 / 影响 / 交叉的关系、对立 / 矛盾 / 并列 / 相似的关系、研究主体与研究对象 / 应用场景间的关系等都统称为相关关系。如“猫”和“狗”虽然字面意义上并不相近，但同属于生活中常见的普通动物和具有大致相同的生活习性，可能常出现在同一上下文描述中，因而可认为具有相关关系。如“碳排放”与“温室效应”可能具有相关关系，因为前者是后者产生的主要诱因之一。如“低温多效蒸馏”与“海水淡化”可能具有相关关系，前者是后者采用的技术方法之一。

6.1.2 传统非分类关系识别方法及问题分析

与分类关系的识别类似，传统的领域本体非分类关系的识别方法也主要有基于人工的、词典 / 知识库的、模式的、分布式假设的方法等，不同方法的特性如下：

基于人工的方法主要是指借助领域专家或团队人员的专业背景知识人工识别各种非分类关系，手工构建领域本体非分类关系结构的过程。如 WordNet、Cyc 等最初都是主要依靠大量人力、物力来构建。该方法所构建的关系结构在一定的资源、主题、概念粒度范围内具有良好的精度和组织模式。但受专家的知识范围和专业领域限制，很多细粒度的概念关系可能难以正确识别和包含进去，尤其在一些新兴领域或特定领域，识别和构建过程总体是一个纯手工的知识密集的覆盖率低且耗时的巨大工程。

基于词典 / 知识库的方法主要是指借助已有的规范化资源体系

结构如通用本体/知识库/在线词典（如 WordNet、DBpedia、ABC Thesaurus[185]、Dictionary[186]等）、叙词表/主题词表（如汉语主题词表等）、在线百科全书（如 Wikipedia、百度百科等）等中的非分类关系来对已有概念间语义关系进行补充识别和扩展改进，或直接将其映射和转换为轻量级领域本体非分类关系的过程。该方法与基于人工的方法相比更省时省力，且所识别的关系结构具有一定的精准性、标准性和权威性。但受所依赖的资源体系结构自身的制约，覆盖的资源范围仍是有限的，也无法解决未登录词的识别问题。尤其是与英文相比，可用的开源的中文词典/知识库相对较少，资源量较低，且以通用领域居多，对于缺乏相应词典条件的专业领域来说，很难直接开展工作。

基于模式的方法主要是指通过对文本中的词汇、句法、语义等特点和规律进行统计分析，手动或自动设计或提取规则化的句子模式从未知文本中识别和挖掘领域本体非分类关系的过程，实质是一个句法枚举和模式匹配的过程。最经典的是 1992 年 Hearst 提出的“通过某些词组将两个名词短语连接在一起”的句子模式可以表征上下位关系[187]。由于这种模式简单有效且在很长一段时间内都具有不错的应用表现，后人将类似这种模式统称为“Hearst 模式”，并且陆续有很多研究者对其进行了扩展，使其包含更多的句法结构等[188]。但由于文本语料库总是稀疏的，模式的构建过程不仅费时费力且需要经验和运气，人们难以以一种友好的方式一次准确表达和完全枚举出所有可能的上下位关系，且该方法通常依赖准确的句法分析器和特定单一的语言环境，很多已有模式只适用于英文，难以保证模式的覆盖范围和通用性等。而中文词汇的构成、语法、语义和时态更加的灵活和不规则，同一领域概念在不同上下文应用场景常具有多义性和隐喻性，而相关的中文分词、词性标注、句法分析、命名实体识别等模型精度和应用表现仍需要改进，多重嵌套迭代的模式识别中很容易出现语义混淆和漂移，因而难以保证模式的质量和泛化能力。反过来，由于模式的覆盖范围、通用性、质量、泛化能力等常难以保证，基于模式的方法经常只能应用于一小部分复杂的相匹配的语言环境，且具有低召回率和低健壮性。

基于分布式假设的方法，常包含一个假设："假设上位概念词具有比下位概念词更广泛的上下文语境"[189,190]，然后基于该假设通过术语自身的上下文语境以高维向量的形式来表示术语。简单来说，该方法认为如果 X 是 Y 的上位词，那么可判定 Y 的大多数上下文特征也必是 X 的特征。该方法在假设成立的应用场景下能够取得较高的准确率，且不受资源和语言的限制，比模式匹配方法适用性更广，自动化程度和性能更高。但该方法可能存在两个问题：其一，分布式假设并不总是成立的，即上位概念词并不一定总是具有更广泛的上下文特征。例如，理论上"美国人"是"特朗普"的上位词，但实际上"特朗普"肯定也存在着一些与普通"美国人"没有强烈联系的特征，很难推断究竟谁的语境更广泛一些。其二，该分布式表示术语的方法并不能完全区分上下位关系与其他语义关系，如共同下位词关系、部分—整体关系等。

后来，有研究者也相继对分布式假设方法进行了改进。如 Marco 等提出了着重应用方向性、不对称的相似性度量在分布式语义空间中识别上下位关系的方法[191]。如 Mei 等提出了一个多词组关联搜索框架，用于从非结构化文本中挖掘非分类关系[192]。如 Stephen 提出了一个健壮性的有监督方法来进行关系检测，使分布式假设模型在不同维度空间中都能很好地工作[193]。非分类关系识别尤其是上下位关系识别从上述增加了特征选择的方法中受益匪浅，模型的精度有了显著提升，但本质上这些方法所选择的特征仍是具有领域依赖性的，这意味着它们与训练集密切相关且不是上下位关系的全局指标，因而模型的泛化能力并不强。

6.1.3　非分类关系识别的研究框架设计

近年来，随着机器学习技术的推动，有研究人员相继提出了基于词嵌入（分布式术语表示）的非分类关系识别方法，通过训练基于非深度或深度神经网络的语言模型，如 Word2Vec，GloVe，ELMo 等，将单词映射到低维空间的实值向量，使得语义高度相近的单词能够聚类在一起，并且密集的单词表示更可能处理具有灵活多变表达结构的中文语境稀疏性问题。

如 Ruiji 等提出了一种基于关系聚类的分段线性投影方法，利用从同义词词林中提取的关系数据训练模型，用于上下位关系等语义层次结构的学习和识别[194]。如 Zheng 等设计了一个动态距离—差数神经网络模型，基于一些预先提取的上下位关系数据训练 SVM 分类器进行上下位关系识别[195]。如 Chengyu 等提出了一个分段线性投影模型用于从用户生成类别中提取中文上下位关系[196]。如 Ying 等综合应用全局、本地上下文特征及医学特定特征进行医学同义词识别，并训练基于注意力机制的 BiGRU 模型进行医学实体关系提取，最终构建了胃肠病学本体[197]。

可见，基于词嵌入的方法已被证明通过词向量的偏移来模拟和预测词汇之间的非分类语义关系是有效的、可行的，且词嵌入的学习本身不依赖特定领域和语言环境，仅需要预先对大规模文本语料库进行浅层分词或标注处理，是目前自动化程度较高、模型泛化能力较强的方法。但目前大多方法主要从术语共现数据中学习术语分布式表示，以便相似的术语具有相似的嵌入，而大量相关研究也表明，非分类关系的表示 / 识别尤其是上下位关系的表示 / 识别比普通的向量偏移要更加复杂，显然基于共现的相似性对于非分类关系识别来说是不够的，因为还需要判断两个术语是否形成特定非分类关系而不仅仅是经常共同出现。此外，目前相关方法模型都只在实验阶段，并没有成熟的精度较高的模型可以直接被广泛推广应用。因而还需进一步研究上位词与下位词之间更为准确的词嵌入关系和学习更深层次的语义预测模型来更好地识别各种非分类关系，以解决领域本体概念层次结构过于稀疏的问题和提高识别的准确率。

综上所述，本章的主要研究目标就是研究并打通基于深度学习的轻量级领域本体非分类关系自动识别的核心方法和关键流程，以提升领域本体分类关系自动识别的效率与精度。具体研究内容包括轻量级领域本体上下位关系、同义关系、相关关系的自动识别等，将着重研究和提出针对不同分类关系自动识别的系列深度学习模型，并进行实验验证、模型评估与结果分析。本章的主要研究内容框架如图 6.1 所示：

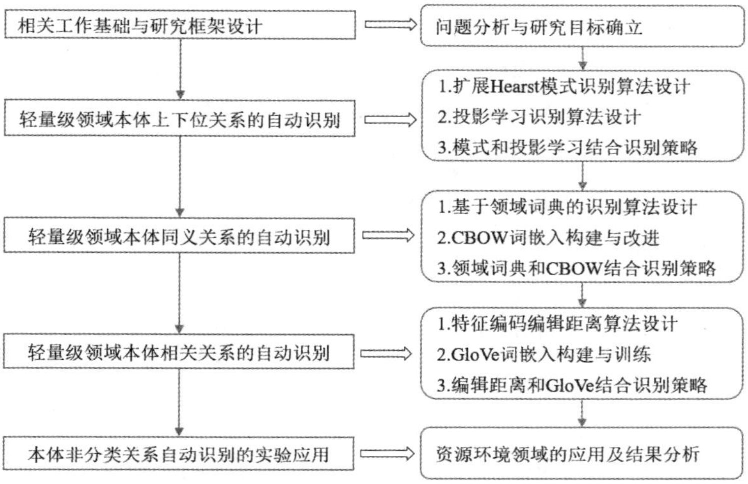

图6.1　基于深度学习的轻量级领域本体非分类关系自动识别研究框架
Figure 6.1　Research Framework for Automatic Recognition of Non-taxonomic Relations in Lightweight Domain Ontology based on Deep Learning

6.2　轻量级领域本体上下位关系的自动识别

6.2.1　上下位关系自动识别的核心技术路线

本小节着重研究的轻量级领域本体上下位关系自动识别的主要任务目标是：基于给定的大型领域本体概念词汇集，自动识别出目标查询词的最佳上位概念词集合。其中目标查询词一般是指任意领域概念或命名实体。从数学定义角度出发，如果将上下位层次结构表示为有向图 G，其中节点表示为单词，边表示上下位关系。当目标单词明确时，上下位关系应具有非对称性和可传递性，如公式 6.1 所示：

$$\begin{cases} X \xrightarrow{H} Y \Rightarrow \neg(Y \xrightarrow{H} X) \\ (X \xrightarrow{H} Z) \wedge (Z \xrightarrow{H} Y) \Rightarrow X \xrightarrow{H} Y \end{cases} \qquad \text{（公式 6.1）}$$

其中：X、Y、Z 表示任意概念词，H 表示上位词集合列表。上述公式表示，当 X 是 Y 的上位关系词时，反过来则是不成立的（非对称性）。

当 X 是 Z 的上位关系词，Z 又是 Y 的上位关系词时，则 X 也必定是 Y 的上位关系词（可传递性）。因此，G 应该是一个有向无环图。

从本书 6.1.2 小节已知，基于模式的方法具有较高的精度，但覆盖率和召回率较低。而以往的基于词嵌入的方法通常只考虑词汇间的局部上下文信息或共现信息等，无法更准确地表达和区分上下位关系，识别的覆盖率和召回率较高，但准确率却不高。因而基于上文研究和主要任务目标，本小节的主要技术路线是：将传统的无监督的基于模式的方法和当前先进的有监督的基于词嵌入和投影学习的方法有机结合起来应用于领域本体上下位关系识别，以提高识别的覆盖率、召回率和准确率。首先，通过分布假设和模式发现 / 扩展研究等，构建基于模式的领域本体上下位关系自动识别模型；其次，采用 Skip-Gram 模型和负采样算法训练出目标词—上位词对的词嵌入，并以词嵌入作为术语特征输入，结合投影学习算法训练出一个基于深度学习的领域本体上下位关系自动识别模型，并进行性能评估与优化；最后，对两个模型识别输出的 TopN 结果进行归一化计算和评分，根据计算结果重新生成候选上位词集合，作为最终输出。

6.2.2　基于扩展 Hearst 模式的上下位关系自动识别

在本书 6.1.2 小节已详细分析过传统的基于模式的领域本体上下位关系识别方法，该方法主要是基于特定的规则模式从文本语料库中挖掘上下位关系对。但已知该方法具有低召回率和低健壮性，因为它常假设上位词—下位词对将在既定规则模式之一中共同出现，而实际样本中则很难一直符合这种情况，甚至很少符合这种情况。为了提升基于模式方法的召回率和健壮性，发现更多的上下位关系，本书对其进行了扩展与改进，提出了基于扩展 Hearst 模式的轻量级领域本体上下位识别方法：首先，识别每个目标查询词的共同下位词，并将这些共同下位词的上位词也分别添加到为目标查询词找到的上位词集合中。主要通过设计一些模式来识别这些共同下位词，并利用所训练词嵌入的分布式相似性来对其进行过滤。其次，通过对文本语料进行分析，增加了以下分布假设：

假设大多数概念术语表达是多词组合形式的，并且最主要的头部修饰符关系是上位关系。

经研究分析，为了保证一定的准确性，本书仅将枚举类型的句子模式作为共同下位词识别模式。在中文文本中，一般枚举模式为“X 包括 Y_1、Y_2、Y_3”；在英文文本中，一般枚举模式为“...X,$e.g.Y_1$，Y_2andY_3；模式中标点符号可以形式多变；则可认为 Y_1、Y_2、Y_3 是 X 的共同下位词。例如下面句子所示（摘自百度百科词条）：“云南八大名花包括：山茶、玉兰、百合、杜鹃花、报春、兰花、绿绒蒿、龙胆系。”[198] 经命名实体及模式识别后，可认为“山茶”“玉兰”“百合”等是“名花”的共同下位词。本书以原有 Hearst 模式为基础，设计的基于扩展 Hearst 模式的上位词识别模式如表 6.1 所示：

表 6.1　扩展 Hearst 模式设计示例

Table 6.1　Examples of Extended Set of Hearst-like Patterns

英文模式	中文模式
Y such as X	Y 例如 / 比如 X
Y other than X	除了 Y 之外的 X/Y 不仅仅是 X
Y including X	Y 包含 X
Y especially X	Y 尤其 / 特别是 X
not all Y are X	不全是 / 并不是所有的 Y 都是 X
Y like X	Y 类似 X
Y for example X	Y 例如 / 比如 / 示例 X
Y which includes X	Y 是那些包含 X 的
X are also Y	X 也是 Y
X are all Y	X 都是 Y
not Y so much as X	没有 Y 而是 X
Y is a X	Y 是一种 / 个 / 只 ...X

基于上述研究，本书提出了基于扩展 Hearst 模式的领域本体上下位关系识别算法，核心流程如下：

1) 算法输入：任意目标查询词 q

2) 算法输出：q 的上位词集合 Hq

3) 算法流程：

① Step1：初始化创建一个空集 Q，用于存储待扩展的查询集合。在文本语料库中基于共同下位词模式查找 q 的共同下位词 q_c 并计算其共现频率 $f(q_c)$，然后将 q_c 存储到 Q，同时保存 $f(q_c)$。其中，共现频率 $f(q_c)$ 表示使用共同下位词模式找到的相应 q_c 的总次数。

② Step2：对每个共同下位词 $q_c \in Q$ 进行评分，评分指标 Score(q_c) 是求共现频率 $f(q_c)$ 与 q_c、q 嵌入向量的余弦相似度的乘积，如公式 6.2 所示。根据评分结果对 Q 中的所有共同下位词进行排序，只保留 *Top*N 的 q_c，舍弃 *Top*N 后的其他下位词。其中 *Top*N 一般取值为 5。

③ Step3：将原始查询词 q 也添加至 Q，同时创建空的上位词集合 H_q。对于每个共同下位词 $q_c \in Q$，在文本语料库中基于上位词模式查找 q_c的上位词 h 并计算其频率 $f(h)$，然后将 h 存储到 H_q，同时保存 $f(h)$。其中，频率 $f(h)$ 表示使用上位词模式找到的相应 h 的总次数。

④ Step4：将 H_q 中每个术语以及目标查询词 q 的头部修饰词都添加到 H_q 集合作为扩展。

⑤ Step5：对每个候选上位词 $h \in H_q$ 进行评分，评分指标是求归一化频率 $softmax(f(h))$ 与 h、q 嵌入向量余弦相似度的乘积。根据评分结果对 H_q 中的所有候选上位词进行排序，只保留 *TopN* 的 h，舍弃 *Top*N 后的其他上位词。其中归一化频率 $softmax(f(h))$ 的取值范围一般为 [0.0, 1.0]。

上述流程中，余弦相似度的计算方法如公式 6.2 所示：

$$\begin{cases} Score(q_c) = f(q_c) \times \cos(\theta) = f(q_c) \times \cos(E_{q_c}, E_q) \\ \cos(E_{q_c}, E_q) = \dfrac{E_{q_c} \cdot E_q}{\left\|E_{q_c}\right\| \times \left\|E_q\right\|} = \dfrac{\sum_{i=1}^{n} E_{q_{ci}} E_{q_i}}{\sqrt{\sum_{i=1}^{n} E_{q_{ci}}^2} \sqrt{\sum_{i=1}^{n} E_{q_i}^2}} \end{cases} \quad （公式 6.2）$$

其中，E_{q_c} 表示特定下位词 q_c的嵌入向量，E_q 表示目标查询词 q 的嵌入向量，n 表示向量的维度，$E_{q_{c_i}}$ 表示 E_{q_c} 的第 i 维数值，E_{q_i} 表示 E_q 的第 i 维数值。此外，上位词 h 与目标查询词 q 嵌入向量的余弦相似度计算方法与此类似。余弦相似度常用来表示两个嵌入向量间的语义距离，距离越相近，该值越大，越接近于 1；反之，该值越小，越接近于 0，表明两者语义距离越远。

6.2.3　基于投影学习的上下位关系自动识别

基于投影学习的轻量级领域本体上下位关系自动识别的核心思想是：构建一个轻量级领域本体上下位关系自动识别模型，该模型主要使用由上位词相关联的词对（正例样本）和非关联的词对（负例样本）以有监督方式进行学习和训练，将查询词 q 和每一个候选上位词 h 的词嵌入组合依次作为输入，评估和计算 q 和 h 存在上位关系的可能性（概率值）。归一化后的可能性与上文的相似度类似，一般是 [0.0, 1.0] 之间的值，越接近于 1，表明存在上位关系的可能性越大，反之，则越小。学习的过程即一个投影学习过程，实质是构造和学习查询词 q 嵌入的投影，使其尽可能地接近于其上位词 h，识别的实质就是判断基于 q 嵌入的投影与给定候选词的接近程度。

6.2.3.1　基于投影学习的上下位关系识别

识别的核心算法流程如下：

1) 算法输入：任意查询词 q 和所有候选上位词 h

2) 算法输出：q 的最佳上位词集合 H_q

3) 算法流程：

① Step1：从上文生成的词嵌入 E^v 中分别查找 q、h 的词嵌入 E_q、E_h。其中 v 表示词嵌入的维度，E_q，$E_h \in E^v$。

② Step2：构造 E_q 的投影矩阵 $\Phi_i=(E_q \cdot \Delta_i)^T$。其中，$\Delta_i$ 为包含 k 阶方阵的 3D 张量，$\Phi_i \in E^{k\times v}$，$\Delta_i \in E^{v\times v}$，$i \in \{1,2,\cdots,k\}$。

③ Step3：通过求点积来判断 E_q 的 k 阶投影与 E_h 的接近程度 $\theta \in \Phi_i \cdot E_h$。其中 $\theta \in E^k$。

④ Step4：设计逻辑回归分类器，使用 Sigmoid 函数作为激活函数。将 θ 传入分类器，评估和计算 q 和 h 存在上位关系的可能性 $p=\alpha(W \cdot \theta+\beta)$。其中 α、$W$、$\beta$ 是逻辑回归分类器的相关训练与求解参数。

⑤ Step5：为了最大程度地找到给定查询词的上位词，需循环计算其与所有候选词的可能性 p，并根据可能性高低排序，选择排名靠前的

TopN 候选词存入集合 H_q，作为最终输出。

6.2.3.2 词嵌入生成与序列化存储

本小节的词嵌入主要是为所有查询词 *q* 和候选上位词 *h* 提供查找嵌入的词汇表，即上文 Step1 中所涉及的内容。首先，需要准备纯文本格式的领域主题语料，并进行规范化和预标记化处理等。其中对于英文语料，需要将所有字符转换为小写，并利用预先构建的领域词典对非原子词，即多字词如三元组词、二元组词等进行规范化替换等。对于中文语料，需要利用预先构建的领域词典和分词工具进行分词处理等。其次，与本书 4.2.2 小节基于 Word2Vec 的词嵌入模型训练与优化过程类似，主要采用 Skip-Gram 模型、负采样算法、随机梯度下降算法学习与生成词嵌入。最后，根据词嵌入，对给定数据进行预处理和序列化存储。即，对给定的查询词列表，候选上位词列表，根据词汇表分别查找其词嵌入，将其映射为（查询词 ID，上位词 ID）对，并序列化存储为 pickle 文件，以方便下一步训练模型或利用模型进行预测时直接调用。

6.2.3.3 上下位关系识别模型的训练与优化

本书主要使用负采样算法来训练轻量级领域本体上下位关系识别模型。其核心思想是首先对于训练集中查询词—上位词对的每个正例，通过从领域词汇表中随机抽取术语词组替换原有上位词来生成固定数量的负例；其次使用二进制交叉熵作为损失函数，通过最小化正例和负例样本的二进制交叉熵来训练模型，使用 Adam 算法和随机梯度下降算法对模型进行优化，具体与本书 5.3.2.4 小节的 Step3 和 Step4 过程类似。其中对于训练设置的一些重要策略如下：

① 词嵌入的维度设置。训练过程中截取的上下文窗口大小为 8。

② 有相关研究使用动态聚类投影，但聚类效果难以保证。本书主要使用固定数量的投影，经试验设置投影个数。

③ 相关研究表明负采样算法能够显著提高投影学习的性能。本书主要采用随机小批量样本进行训练，每个批次中正例个数为 32，负例个数为 $32 \times Neg$，*Neg* 表示负采样的个数，经试验设置 $Neg=15$。

④ 使用 Dropout 算法训练 E_q 的投影矩阵 Φ，其比率设置为 0.5。此外还使用了梯度裁剪和早期停止算法，裁剪比率为 1e−4，早期停止的最大迭代周期为 1000，即超过 1000 个周期模型的性能没有得到明显改善，则停止此次迭代过程。

⑤ 使用了高频词亚采样算法，根据训练集中上位词的词频设置阈值参数，使得词频大于该阈值的词，越容易被采样，该阈值设置为 1e−5。同时为了确保每一个 h 的子样本对 (q, h) 都能够经常出现在训练数据中，本书还基于上位词的词频对正例进行了采样，采样比率是通过求解训练集中出现次数最少的上位词的词频与给定上位词的词频的比值并进行开方运算获得的。这样能够适当降低对高频词的采样比率，并提高对低频词的采样比率，即使出现次数很少的低频词也会被采样到。

⑥ 为了避免过度拟合训练集中的词嵌入，本书还基于启发式算法对原始训练集进行了多次扩充：其一，对于训练集中的任意正例 (q, h)，将 (q_s, h) 也补充到正例中，q_s 是基于词嵌入余弦相似度计算得到 q 的最邻近节点。其二，对已获得的 H_q，计算 H_q 中每个上位词的最邻近节点 t，且确保 t 至少被 H_q 中的多于 1 个上位词所共享，将 t 补充到 H_q。其三，为补充的正例同等添加负例，方法与上述训练集的负采样过程相同。

6.2.4　模式和投影学习相结合的上下位关系自动识别

为了进一步提高轻量级领域本体上下位关系自动识别的效果，本书还尝试将无监督的基于扩展 Hearst 模式的识别方法和有监督的基于投影学习的识别方法有机结合起来应用。即在上文 6.2.2 和 6.2.3 的基础上，对两个模型分别进行实现，并进行集成调用，具体是对给定的查询词 h，从每个模型中分别获取 *TopN* 个候选上位词，对其进行合并评分和归一化计算，然后根据评分结果重新排序和生成最终候选集合。该方法可以有效地利用两个模型的计算能力和优点，极大地减少单一模型中可能存在的误差，有助于找到更合适的候选和提高总体识别能力。通过前期调研和试验，超过 50 个候选并不会提高模型的准确率和召回率，因而本书设置 *TopN*=50。

6.3 轻量级领域本体同义关系的自动识别

6.3.1 同义关系自动识别的核心技术路线

本小节着重研究的轻量级领域本体同义关系自动识别的主要任务目标是：基于给定的大型领域本体概念词汇集，自动识别出目标查询词的最佳同义概念词集合。其中目标查询词一般也是指任意领域概念或命名实体。与 6.2.1 小节中上下位关系的定义有所不同：当目标单词明确时，同义关系应具有对称性（无序性）和可传递性，如公式 6.3 所示：

$$\begin{cases} X \overset{S}{\rightarrow} Y \Rightarrow Y \overset{S}{\rightarrow} X \\ (X \overset{S}{\rightarrow} Z) \wedge (Z \overset{S}{\rightarrow} Y) \Rightarrow X \overset{S}{\rightarrow} Y \end{cases} \qquad \text{（公式 6.3）}$$

其中：X、Y、Z 表示任意概念词，S 表示同义词集合列表。上述公式表示，当 X 是 Y 的同义词时，反过来 Y 也必定是 X 的同义词，即在几乎所有场合都是可以相互取代的（对称性 / 无序性）。当 X 是 Z 的同义词，Z 又是 Y 的同义词时，则 X 和 Y 也必定是同义词（可传递性）。

此外，与上下位关系的识别类似，仍从本书 6.1.2 小节可知，基于词典 / 知识库的方法具有较高的精度和权威性，但覆盖率较低。而以往的基于词嵌入的方法通常只考虑词汇间的局部上下文信息或共现信息等，无法更准确地表达和区分同义关系，识别的覆盖率较高，但准确率却不高。因而基于上文研究和主要任务目标，本小节的主要技术路线是：将传统无监督的基于词典 / 知识库的方法和当前先进的有监督的基于词嵌入的方法有机结合起来应用于同义关系识别，以提高识别的覆盖率和准确率。首先，基于已有本体知识库、同义词词典或主题词表等，构建基于词典 / 知识库的同义关系识别模型；其次，采用 CBOW 模型和负采样算法训练出一个能够表达和计算同义词—反义词语义距离关系的词嵌入模型，使其能够有效地识别出目标词的同义词和反义词，并进行性能评估与优化；最后，对两个模型识别输出的 TopN 结果进行归一化计算和评分，根据计算结果重新生成候选同义词集合，作为最终输出。

6.3.2　基于领域词典 / 知识库的同义关系自动识别

目前网络上开源的领域词典 / 知识库很多，但质量参差不齐，且不同的领域词典 / 知识库支持的调用方法也大不相同。如 WordNet，它既是一个将同义关系作为词汇间最主要的概念—语义关系的通用本体，又是一个大型的英文同义词词典，将名词、动词、形容词和副词归类为认知同义词，并且每一个同义词表达一个不同的概念。WordNet 支持免费下载，使用时需先去其官网下载相应的应用程序工具包到本地，然后通过工具包规定的命令行格式及参数调用。如哈尔滨工业大学设计的同义词词林扩展版，是一个 TXT 格式文件，可免费下载到本地，但需要自己编写格式解析和调用程序。如中国科学技术信息研究所主编的《汉语主题词表》已提供了在线服务系统，支持任意输入概念词进行检索，可返回该概念词的标准中 / 英文名称、所属的文献学科分类、上 / 下位词、同义词等，但目前只支持注册及登录之后在线使用，若是需要第三方程序调用，还需要自己编写远程认证、检索和调用程序。总的来说，基于领域词典 / 知识库的同义关系识别模型的构建方法相对简单，是属于利用字符串进行机械匹配的过程，其核心流程如下：

1) 算法输入：任意目标查询词 q

2) 算法输出：q 的同义词集合 S_q

3) 算法流程：

① Step1：首先需要根据领域主题类型、性质、覆盖范围等调研可用的在线领域词典 / 知识库，重点包括是否支持同义词识别、所支持的第三方检索调用接口或其他使用方法等。

② Step2：根据上一步的调研结果，选择及确定所需的词典 / 知识库，设计与编写具体接口调用和结果解析程序，使其支持输入任意查询词进行检索，结果返回该检索词的同义词集合，并将该程序封装为独立的功能模块或服务接口，即同义词查询模块。

③ Step3：应用时，加载待查询的概念词集合 Q，调用上述功能模块 / 服务接口，循环读取每一个概念词 $q \in Q$（如果是英文，还需要忽略大小写）作为输入并重复执行上述过程，若返回结果不为空，则将 q 与其查询得到的同义词集合 S_q 进行一一对应存储；若返回结果为空，则跳出当前循环，继续执行下一个循环，直到 Q 循环完毕为止。

④ Step4: 最终每一个查询词 q 必对应一个同义词集合 S_q，S_q 可为空，且 S_q 某些中的词可能与概念词集合 Q 中的词有交叉。

6.3.3 基于改进 CBOW 词嵌入的同义关系自动识别

基于词嵌入的轻量级领域本体同义关系自动识别的核心思想是：构建一个轻量级领域本体同义关系自动识别模型，该模型主要使用由目标词相对应的同义词集合和反义词集合以有监督方式进行学习和训练，将目标查询词 q 的同义词集合 S_q，反义词集合 A_q 关系对（S_q，A_q）依次作为输入，预测和评估目标查询词 q，使得 q 与 S_q 的语义距离尽可能近，与 A_q 的语义距离尽可能远。在利用深度学习方法进行模型构建时，则转化为定义一个目标函数 ρ，ρ 表示 q 与 S_q、A_q 联合出现的概率，训练的最终目标是最大化 q 与 S_q 共现的概率的同时最小化 q 与 A_q 共现的概率。

本书将基于 Word2Vec 的 CBOW 模型进行轻量级领域本体同义关系自动识别模型的构建与训练。原始 CBOW 模型是以无监督的方式进行学习和训练，模型输入是目标词对应的上下文词的词嵌入，旨在通过上下文词的词嵌入来预测和评估目标词，使得目标词在给定上下文中出现的概率最大，因而根据训练结果的词嵌入可以获得目标词的上下文相关词，但无法区分同义词与反义词。因此，基于上述研究，本书将对原有 CBOW 模型的训练过程进行扩展和改进，主要是加入目标词的同义词和反义词关系对作为监督信息进行学习和训练，使得训练得到的词嵌入模型能够更进一步地学习和捕获到同义知识和反义知识的特征，进而获得可以识别与区分同义关系与反义关系的能力。本书最终定义的目标函数如公式 6.4 所示：

$$R=\sum_{i=1}^{C}(\log p(q_i|q_{i-w}^{i+w})+\beta(\sum_{s\in S_{qi}}\log p(q_i|s)-\sum_{\alpha\in A_{qi}}\log p(q_i|a)))$$ （公式 6.4）

其中，q_i 表示目标查询词集合，C 表示训练使用的语料库的大小，w 表示模型读取语料的上下文窗口大小。实际上 $\sum_{i=1}^{V}\log p(q_i|q_{i-w}^{i+w})$ 即原始 CBOW 模型的目标函数，其余部分是扩展的，$\log p(q_i|s)$ 或 $\log p(q_i|a)$ 即表示当上下文词为同义词或反义词时分别预测目标词 q_i 出现的概率。由于扩展后的模型实际上可视为 3 个 CBOW 模型的叠加，但和原始 CBOW 模型在输入层共用的其实是同一个词向量，为了突出扩展部分对原始 CBOW 模型的贡献，同时也是为了平衡当同义词或反义词作为上下文时对原始 CBOW 模型的影响，本书新增了一个起调节作用的权重参数 β。β 的具体取值可在实验过程中根据实验结果进行反复调整，取值范围一般为 [0.1,1.0]，本书最终取值为 0.7。

接下来就是模型的优化和求解。仍与原始 CBOW 模型或大多数深度学习模型类似，本书采用已经过实际验证且已取得良好应用效果的负采样算法对模型进行优化（最大化目标函数）和随机梯度下降算法对模型进行求解（参数迭代更新），以获得最佳模型参数。其中负采样的基本原理是，目标查询词即可视为正样本（通常标记为 0），通过负采样方法获得的其他随机词即为负样本。对本书来说，当处理同义词集合时，在（q_i，S_{qi}）覆盖范围之外的词汇对都为负样本 N_s（通常标记为 1），其中 $s\in S_{qi}$；$N_s=V_s-S_{qi}$；同理，当处理反义词集合时，在（q_i，A_{qi}）覆盖范围之外的词汇对都为负样本 N_a，其中 $a\in A_{qi}$；$N_a=V_A-A_{qi}$；V_s、V_A 分别表示训练使用的同义词和反义词的词表大小，一般情况下为保持样本的均衡性，应使得 $V_s=V_A=V$。则同义词集合的采样函数 φ（$q|s$）如公式 6.5 所示，反义词同理：

$$\varphi(q|s)=\begin{cases}1,q\in q_i\\0,q\in N_s\end{cases}$$ （公式 6.5）

对于同义集合中的任一训练语料样本（q_i，s），训练的目标函数如公式 6.6 所示，反义词同理：

$$p(q_i|s)=\prod_{(q\in qi)\cup(q\in Ns)}\sigma(e_s\cdot\theta_q)^{\varphi(q|s)}\cdot(1-\sigma(e_s\cdot\theta_q))^{\varphi(q|s)}$$ （公式 6.6）

其中，e_s 表示同义词 s 对应的词嵌入，同理下文用 e_a 表示反义词 a 对应的词嵌入，θ_q 表示目标查询词对应 q 的权重参数，都是求解的目标之一。最终整个扩展部分的同义词和反义词的目标函数 R_+ 如公式 6.7 所示，接着将公式 6.6 代入公式 6.7，可得到 R_+ 的具体表示：

$$
\begin{aligned}
R_+ &= \sum_{i=1}^{V_s}\sum_{s\in S_{q_i}} \log p(qi|s) - \sum_{i=1}^{V_A}\sum_{a\in A_{q_i}} \log p(qi|a) \\
&= \sum\nolimits_{i=1}^{V}\sum\nolimits_{s\in S_{q_i}}\sum\nolimits_{(q\in qi)\cup(q\in N_s)}(\varphi(q|s)\cdot\log\sigma(e_s\cdot\theta_q)+(1-\varphi(q|s))\cdot\log(1- \\
&\quad \sigma(e_s\cdot\theta_q))) - \sum\nolimits_{i=1}^{V}\sum\nolimits_{a\in A_{q_i}}\sum\nolimits_{(q\in qi)\cup(q\in N_a)}(\varphi(q|a)\cdot\log\sigma(e_a\cdot\theta_q)+(1-\varphi \\
&\quad (q|a))\cdot\log(1-\sigma(e_a\cdot\theta_q)))
\end{aligned}
$$

（公式 6.7）

再将 R_+ 代入公式 6.4 的目标函数 R，即实现对总体目标函数的优化。最后，采用随机梯度下降算法，每次随机选取一组小批量样本进行学习，分别求目标函数关于 e_s、e_a 和 θ_q 的偏导，使 θ_q 沿负梯度方向更新，并分别获得 e_s、e_a、θ_q 的更新公式，然后不断迭代优化目标函数，直至梯度收敛，获得并保存 e_s、e_a、θ_q 的最佳值。

6.3.4 领域词典和 CBOW 相结合的同义关系自动识别

基于 6.3.2 和 6.3.3 小节所述，对两种轻量级领域本体同义关系的自动识别模型分别进行实现。由于基于词典 / 知识库的识别精度一向比较高且具有一定的权威性，但难以识别复合词组（多字词组），因此本书考虑以该方法为主，首先进行识别，对于每一个查询词，都获取并存储能够识别到的全部上位词。对于使用该方法无法获得上位词的查询词，再使用词嵌入模型识别出 TopN 上位词。对于使用两种模型都能获得许多上位词的查询词，与 6.2.4 小节类似，每个模型仍分别选取 TopN 作为候选，对其进行合并评分和归一化计算，然后根据评分结果重新排序和生成最终候选集合。由于同义词不像上位词那样比较泛和多，经前期试验，本书设置 $TopN$=10。

6.4　轻量级领域本体相关关系的自动识别

6.4.1　相关关系自动识别的核心技术路线

本小节着重研究的轻量级领域本体相关关系自动识别的主要任务目标是：基于给定的大型领域本体概念词汇集，自动识别出目标查询词的最佳相关概念词集合，实质是计算和判断概念词汇间的相似度，相似度越高，相关性越强。其中目标查询词一般也是指任意领域概念或命名实体。当目标单词明确时，相关关系应具有对称性（无序性）和随机性（不可传递性），如公式 6.8 所示：

$$\begin{cases} X \xrightarrow{R} Y \Rightarrow Y \xrightarrow{R} X \\ (X \xrightarrow{R} Z) \wedge (Z \xrightarrow{R} Y) \Rightarrow \neg(X \xrightarrow{R} Y) \end{cases} \qquad \text{（公式 6.8）}$$

其中：X、Y、Z 表示任意概念词，R 表示相关词集合列表。上述公式表示，当 X 是 Y 的相关词时，反过来 Y 也必定是 X 的相关词，即 X 和 Y 在大多场合可以表征同一主题事件 / 现象分布（对称性 / 无序性）。当 X 是 Y 的相关词，又是 Z 的相关词时，则 Y 可能是 Z 的相关词，也可能 Y 不是 Z 的相关词（随机性 / 不可传递性）。如“塑料垃圾”是造成“海洋污染”的诱因之一，“海洋污染”则会危害“生物多样性”，这些词经常会出现在同一上下文中，因而“塑料垃圾”和“生物多样性”具有较大概率位于同一聚类团中。又如“狗”和“猫”常被用来表述普通动物，但由于“猫爱吃鱼”，“猫”和“鱼”是具有明显相关关系的，而“狗”和“鱼”却并不时常具有这种关系，可能很小概率被聚类在一起。

以往对相关关系的识别研究与应用中，基于一定模式规则（如 Hearst 模式、TF-IDF 算法、编辑距离算法、N-gram 算法、汉明距离算法等）进行词汇 / 词频关联统计分析、基于传统机器学习模型（如 Kmeas、

LDA 等）进行词汇共现聚类分析是使用率最高的方法，但存在过度依靠人工干预、数据规模有限且难以处理噪声或稀疏语料、语义特征表达不充分等导致的准确率低、召回率低等问题。因而基于已有研究和主要任务目标，本小节的主要技术路线是：将传统的基于编辑距离的方法与先进的基于词嵌入和 WordKmeas 聚类的方法结合起来进行相关关系识别，以提高识别的准确率。首先，构建基于特征编码编辑距离的相关关系识别模型，实现从词汇本身（拼音和字形）上判断概念间的相关性；其次，基于 GloVe 模型构建和训练基于词嵌入的相关关系识别模型，根据词向量间的余弦距离 / 欧式距离及 WordKmeas 聚类结果来计算词汇间的相似性，实现从词汇上下文特征上（句法和语义）判断概念间的相关性；再次，对两个模型进行组合和权重分配，形成新的模型，将新模型的输出结果作为候选集合。最后根据实验情况设定最小阈值和输出个数，将候选集合中相似度分值满足阈值的 TopN 词汇作为最终输出结果。

6.4.2 基于特征编码编辑距离的相关关系自动识别

6.4.2.1 传统编辑距离算法存在问题分析

编辑距离（Edit Distance），最早是在 1965 年由俄国科学家 Vladimir Levenshtein 所提出，因而又常被称为莱文斯坦距离（Levenshtein Distance），是传统字符串相似度判别应用比较广泛的一种方法。它最初主要是用于衡量西文字符串之间的相似度，具体是指将源字符串转换为目标字符串所需要的最少编辑操作次数，计算方法如公式 6.9 所示。

$$Similarity(X,Y)=1-\frac{EditDis\tan ce(X,Y)}{Maxlength(X,Y)} \qquad \text{（公式 6.9）}$$

常用的单步编辑操作有替换 / 修改（如把“boy”变为“toy”）、插入（如把“sea”变为“seam”）和删除（如把“world”变为“word”）等。一般情况下，两个不同字符串之间的编辑距离会小于等于两者的长度之和，编辑距离越小，表明两者的相似度越高，相关性越强，反之表明相关性越弱。由于西文尤其是英文都属于拉丁文字，因而在利用传统编辑距离算法进行英文文本处理与匹配时都取得了良好的应用效果，但中文属于象形文字，直接应用效果则大打折扣。如直接利用传统编辑距离算法进行计算，“中国海”与“黄海”的相似度只有 0.33，“沉积物”与“沉淀物”的相似度也只有 0.66，“大海”与“海洋”的相似度则为 0，“猫”与“狗”相似度也为 0。目前大多数研究者都采用将中文转换为拼音作为输入字符串进行编辑距离计算的方法，一定程度上提高了相似度的计算效果，如“dahai”与“haiyang”的相似度为 0.28。但由于中文文本中经常会有同音不同字 / 义的文字而导致判断错误，也有研究者提出了先中文分字 / 词，然后转换为拼音分字 / 词进行作为输入字符串进行编辑距离计算的方法。如“da hai”与“hai yang”的相似度为 0.37。这对于较长的同音词汇提升了计算效果，但仍难以解决较短的同音不同字 / 义的中文词汇相似度计算问题。

6.4.2.2 基于特征编码编辑距离的相关关系识别

基于上述研究，本书发现对中文文本词汇的相似度计算着重需要考虑的因素有两个：其一，同音不同字 / 义的字词；其二，字形相似的字词。拉丁文是拼音文字，字形即表音。中文是象形文字，字形即表义。传统的编辑距离算法并不能很好地处理和体现上述两点。因此，本书结合前人研究，并以汉语词典中经典的拼音检字法、四角号码检字法为基础，提出了一种基于中文拼音和字形特征编码的相似度计算方法，该方法的核心思想是将中文根据其拼音特征（声母、韵母、声调）和字形特征（字体结构、四角编码、笔画数）转化为一个包含字母和数字的特征编码序列，然后将特征编码序列作为字符串输入到编辑距离算法中进行计算，具体算法如下：

1) 算法输入：任意源中文词汇 X 和目标中文词汇 Y

2) 算法输出：X 和 Y 的相似度 $Similarity(X,Y)$

3) 算法流程：

Step1：设计特征编码序列的基本体系结构和表示规则。

① 基本体系结构：一共包含 12 位，前 4 位 P1～P4 为拼音特征编码，后 8 位 P5～P12 为字形特征编码，如表 6.2 所示。该体系结构主要是为了根据拼音特征和字形特征将任意单个汉字归一化具有统一位数和代表

含义的特征编码序列。

② 基本表示规则：大多数汉字拼音一般由 1 个声母和 1 个或 2 个韵母组成。如 “tan” 和 “tian” 。对于只有 1 个韵母的拼音，则在 P3 的位置标记为 0。四角编码一般为五位 0~9 的数字，故占据了 P6~P10 五个位置。简体中文字的笔画数一般都不会超过 100 画，故预设了 P11~P12 两个位置，对于笔画数为 1~9 的字，在 P11 位置标为 0。

表 6.2　中文特征编码序列的体系结构

Table 6.2　Basic Architecture of Chinese Characteristic Encoding Sequence

P1	P2	P3	P4	P5	P6	P7	P8	P9	P10	P11	P12
声母	韵母 1	韵母 2	声调	字体结构	四角编码					笔画数	

Step2：生成拼音特征编码。

① 将中文词汇先分字，字与字之间用空格隔开，然后借助一系列 pinyin、pinyin2hanzi 等工具包将分字后的词汇分别转换为带声调的拼音，并可以准确识别拼音的韵母、声母和声调。

② 构建编码映射表，将 24 个韵母，23 个声母，4 种声调分别用唯一字符集进行替换表示。如可用 1~9 数字及 26 个英文字母等（0 预留作为占位符使用）。如将一声、二声、三声、四声分别编码为数字 1、2、3、4。由于唯一字符的有限性，很难找到 51 个互异的唯一字符，因而可分别构建 3 个映射表：韵母映射表、声母映射表、声调映射表。不同映射表之间可以使用相同的字符来标记编码（解码时可根据其在体系结构中的不同位置来区分其含义），但同一映射表之间绝不允许使用相同的字符表示不同的字母。如在韵母映射表中可以使用 1 表示韵母 a，在声母映射表中也可以使用 1 表示声母 b，但不能在韵母映射表中既使用 1 表示韵母 a，又使用 1 表示韵母 e（不能违反编码唯一性原则）。

③ 根据上述 3 个编码映射表和拼音，生成每个字 P1~P4 位置的 4 位编码，即为拼音特征编码。

Step3：生成字形特征编码。

① 构建字体结构编码映射表。目前常见的中文简体字字形结构主要有 15 种，主要包括单一结构（独体字）、左右结构、上下结构、包围结构、品字结构、田字结构等，利用上文同样的编码原则进行构建。

② 根据百度汉语词典检索 API 或各类在线汉语词典（新华字典）等均可快速获得任意中文字的字体结构、笔画数等。根据字体结构编码映射表和字体结构，获得 P5 位置的编码。根据笔画数和预定义表示规则，生成 P11～P12 位置的编码。根据专门的在线四角号码查询词典（如 911 查询网等）可方便获得任意中文字的四角编码，即为 P6～P10 位置的编码。如“海”的四角编码为“38157”，“洋”的四角编码为“38151”。

③ 仍将中文词汇先分字，根据上述步骤依次获得每个字的每个位置的字形特征编码，按 P4～P11 的顺序联合在一起即词的字形特征编码序列。

Step4：构建中文特征编码相似度计算模型。

① 构建中文特征编码相似度计算模型，如公式 6.10 所示。

$$\begin{cases} Similarity(X,Y)=\alpha R+\beta S \\ R=\alpha_1 R_{p1}+\alpha_2 R_{p2}+\alpha_3 R_{p3}+\alpha_4 R_{p4} \\ S=\beta_1 S_{p5}+\beta_2 \dfrac{(s_{p6}+s_{p7}+s_{p8}+s_{p9}+s_{p10})}{5}+\beta_3 \dfrac{(s_{p11}+s_{p12})}{2} \end{cases} \quad \text{（公式 6.10）}$$

其中 R 表示拼音特征编码的相似度，S 表示字形特征编码的相似度，α、β 表示两部分的权重。R_{p1}～R_{p4} 分别代表了位置 P1～P4 的相似度，α_1～α_4 分别表示声母、韵母 1、韵母 2、声调相似度的权重。同理，S_{p5}～S_{p12} 分别代表了位置 P5～P12 的相似度，β_1、β_2 和 β_3 分别表示字体结构、四角编码、笔画数相似度的权重。

② 对模型进行实现。有三点很关键，第一，在进行模型实现时，最简单的方法是基于编码序列直接对所有字符的 P1～P12 位置进行两两比较，若相同位置的字符相同，则返回 1，不同，则返回 0。但本书主要采用编辑距离计算法，将每一部分的特征编码作为字符串依次输入编辑距离算法进行计算，最后加权求和，目的是利用传统编辑距离算法对字符串处理的优点。第二，在实际运算中，为了突出或削减某一部分的作用，可以加大或调小相应权重参数。第三，为避免直接将一个长中文词汇中所有字的编码序列联合在一起形成的编码序列太长，引起长度灾难，可考虑对每一个字取一些重要位置，重新构成一个编码序列，作为长中文词汇的哈希编码，再进行相似度计算。

③ 对模型进行试验与优化。主要根据多次试验结果对各权重进行更新赋值，以确定最佳权重参数。

6.4.3 基于 GloVe 词嵌入的相关关系自动识别

与 6.3.3 小节类似，基于词嵌入的轻量级领域本体相关关系自动识别的核心思想是：构建一个相关关系自动识别模型，该模型主要使用领域主题相关的语料库以无监督方式进行学习和训练，预测和评估目标查询词 q，使得 q 与经常共现的词汇间的语义距离尽可能近，与较少同框的词汇间的语义距离尽可能远。之前的词嵌入都主要使用 Word2Vec 的 CBOW 或 Skip-Gram 模型和具有严格相应关系词对的语料进行有监督训练，但相关关系不同，如 6.4.1 小节所述，具有很大的无序性和随机性。由于 Word2Vec 的词嵌入模型通常只关注局部上下文的词汇语义关系，即每次都仅使用一个窗口的信息计算和更新词嵌入，会缺乏对整体词汇间语义关系的利用，尤其是 Skip-Gram 模型容易造成局部高频词获得更多的权重，不利于对相关关系的整体把握。

GloVe 模型以"共现次数较多的词对语义关系应比较近，共现次数较少的词对语义关系则比较远"为核心理念，主要通过对语料库的潜在语义分析和全局信息统计来构建能够表示词与词之间语义结构关系的共现矩阵，然后构造包含共现矩阵和相关权重参数的代价函数，将共现矩阵作为输入，实现对模型的求解，进行词嵌入的训练和学习。总体而言，GloVe 模型融合了全局统计信息和局部上下文窗口的双重优势，既可以控制所有词的相对权重，又一定程度上提高了模型的训练速率。因而本小节首先将着重构建与训练一个基于 GloVe 词嵌入的相关关系自动识别模型，同时会考虑将其与基于标准 Skip-Gram 模型和负采样算法训练的相关关系自动识别模型的输出结果进行对比分析和归一化计算，将两者的综合计算结果作为最终输出。GloVe 词嵌入训练的核心算法流程如下：

1) 算法输入：预先准备的领域主题语料文本

2) 算法输出：GloVe 词嵌入

3) 算法流程：

Step1：首先利用分词工具和领域词典等对语料文本进行分词，去除停用词，词与词间以空格或制表符或换行符等分割，具体过程可参考本书 3.4 小节所述。然后基于语料库构造一个一元计数模型（词组计数），并可根据预先设定的总词汇表大小或最小计数频率来设定阈值对词汇进行处理，最终将生成一个针对语料库的包含词频的词汇表。

Step2：根据上一步的词汇表和一些预设参数，基于语料库文本构建词与词间的共现统计矩阵 Φ。矩阵中任意行或列元素 Φ_{ij} 表示整个语料库中某个单词与单词在同一个窗口中共同出现的次数。首先，需要确定语料统计分析的上下文窗口大小，与 Word2Vec 的上下文窗口大小原理类似，原始模型默认为 15，可参考 4.2.2.1 小节所述进行调整。此外还可以选择或预设一些其他参数，如使用对称（左右双向）上下文还是单向（左侧）上下文对语料进行遍历；是根据单词之间的距离来加权共现计数还是根据单词之间距离的倒数来加权共现计数等。在语料库比较大的情况下，还需要通过指定两个单词共现频率计数的最大乘积来限制密集共现数组的大小，以防止内存溢出；并且还需要限制稀疏溢出数组的长度，该稀疏溢出数组在写入磁盘之前会缓冲密集数组中不适合的共现数据；还需要为溢出情况设置默认的临时文件的文件名（不包括扩展名）等。然后，根据窗口大小和预设参数，对语料库进行遍历，依次将每个词作为中心词，分别计算其与窗口范围内的其他词共现的次数，第一次出现记为 1，下一次出现则累加计数，再加上一定的权重，直到所有的样本都遍历完毕，即可生成共现统计矩阵。

Step3：对由上一步的共现统计矩阵产生的共现统计二进制文件进行洗牌和重组。为了防止因大的输入流导致内存开销过大，若文件比较大，则预先自动将其分割成多个块进行磁盘存储，然后需要时再对临时文件进行合并和重新组合在一起。同时，也可以预先设置一些参数，如内存消耗的软限制（以 GB 为单位），在写入磁盘前要存储的待洗牌的数据块的缓冲区长度等。

Step4：指定词表，并在指定的共现数据上根据 GloVe 模型训练 GloVe 词嵌入。词表通常是指步骤 1 中自定义生成的词表，也可以是一些预训练模型提供的词表。共现数据通常是指上一步洗牌和重组后的输出数据。GloVe 模型的代价函数如公式 6.11 所示：

$$\begin{cases} C=\sum_{i,j}^{V}\theta(\phi_{ij})(e_i^T e_j+b_i+b_j-\log(\phi_{ij}))^2 \\ \theta(x)=\begin{cases}(\frac{x}{x\_\max})^{\alpha}, x<x\_\max, x\in\phi_{ij} \\ 1, x\geq x\_\max\end{cases}\end{cases} \quad （公式 6.11）$$

其中，V 是指词汇表的大小，也即共现矩阵的维度（$V * V$）。$\theta(x)$ 是共现统计矩阵的加权函数，α 是加权函数的指数参数，x_max 是加权函数的阈值参数。e_i、e_j 分别表示单词 i、单词 j 的词嵌入，b_i、b_j 是两个偏置项参数。因而，在训练开始前，仍需要预先设置一些参数，包括词向量维度大小（如 50、100、200 等）、训练的迭代次数（通过共现矩阵的次数，默认为 25）、训练的线程数（默认为 8）、初始学习速率（默认为 0.05）、加权函数的指数参数（上文中的，默认为 0.75，语料库较大或较小时须调整）、加权函数中用于指定截止值的参数（上文中的 x_max，默认为 100）、输出模型的保存格式等。对于输出模型的保存格式，可选择保存为二进制文件或文本文件。为了方便进一步查看、应用或转换，一般应保存为文本文件，并包含单词向量和上下文向量。

以上即 GloVe 词嵌入模型的主要训练过程。最后，利用 Gensim 等机器学习工具包加载训练得到的 GloVe 词嵌入模型，调用或编写相关的距离（相似度）计算方法，如余弦距离、欧氏距离等，一般常用的是余弦距离计算方法，输入任意查询词，设定返回结果个数 N，即可获得与目标查询词最相近的 N 个候选词。并且 Gensim 还支持将 GloVe 词嵌入直接转换为 Word2Vec 词嵌入进行应用，因而也可以直接调用 Word2Vec 的距离计算方法和词聚类方法获得个相关词。同时，为了与 Word2Vec 训练的词嵌入进行对比，本书在保持训练语料和上述基本参数相同的情况下，如词表大小、词向量维度大小、初始学习速率、训练的迭代次数等，利 Skip-Gram 模型、负采样算法、随机梯度下降算法等已得到公认的 Word2Vec 训练的最佳组合模式训练了 Word2Vec 词嵌入。与 GloVe 词嵌入的应用过程类似，基于 Word2Vec 词嵌入和余弦相似度计算方法，也可获得与指定查询词最相近的一个候选词。对两者进行合并、归一化计算和评分，选取排名靠前的 *TopN*，即作为最终识别结果。

6.4.4 特征编辑距离和 GloVe 相结合的相关关系自动识别

基于 6.4.2 和 6.4.3 小节所述，对两种相关关系自动识别模型分别进行实现。由于基于特征编码编辑距离的相关关系识别模型，主要是从词汇本身（拼音和字形）上判断概念间的相关性，属于狭义的识别方法，旨在追求形似即相关，但可能会遗漏很多形不相近但语义相关的词。而基于 GloVe 词嵌入的相关关系识别模型，主要是从词汇上下文共现特征（句法和语义）上识别概念间的相关性，属于广义的识别方法，旨在追求语境相似即相关，但可能会由于无监督造成识别结果过多，难以收敛和聚集在一个小范围内。鉴于两者各有优劣点和侧重点，可以适用于不同的应用场景，因此本书考虑再次对两个模型进行加权计算，如公式 6.12 所示。

$$Similarity(X,Y) = \alpha S_{edit}(X,Y) + \beta S_{vetor}(X,Y) \qquad \text{（公式 6.12）}$$

其中，$S_{edit}(X,Y)$ 表示基于特征编码编辑距离的相关关系识别模型，$S_{vetor}(X,Y)$ 表示基于 GloVe 词嵌入的相关关系识别模型，α 和 β 表示两者的加权参数，具体取值可根据实际情况或需求进行调整。本书认为语义相关的重要度应大于词汇本身相关的重要度，因而设置 α=0.4，β=0.6。本书将利用该加权模型计算的结果作为最终的相关关系识别的结果。

6.5 轻量级领域本体非分类关系自动识别的实验应用

6.5.1 上下位关系的自动识别实验应用

6.5.1.1 上下位关系识别的实验数据集的获取与预处理

由于基于扩展 Hearst 模式的轻量级领域本体上下位关系自动识别方法相对比较简单，主要是一种字符串机械匹配的过程，因而实验部分本书着重对基于词嵌入和投影学习的上下位关系自动识别方法进行了实现与验证。前期研究发现，上下位关系的识别比一般关系的识别要更复杂，因而对有监督语料集和词汇表的质量要求更高。但目前很多领域并没有开源的高质量的领域语料集和词汇表，自行构造的领域语料集和词汇表若缺少专业人员的审核干预其质量又往往难以保证。因此，本书将首先以语料集和词汇表比较多的医学领域为例进行实验研究，对所构建的上下位关系自动识别模型进行测试和改进，后期再考虑扩展到资源环境领域等其他领域进行应用。其中试验所用的领域语料集是获取自美国国家医学图书馆发布的从医学文献分析与检索系统 MEDLINE 的 PubMed 语料库中提取的已经过一定去重和标记化处理的包含了约 130M 词汇的子文本集[199]，文本内容主要是生物医学领域相关科学出版物和论文摘要的组合。试验所用的领域上下位关系词汇表是获取自临床医学术语标准集 SnomedCT 的子集[200]，包含了 1000 多个医学领域（概念词，上位词集合）形式的上下位关系对。有了初始的语料集和上下位关系词汇表之后，在试验开始前还需要对其进行一些预处理。一般对于英文语料，主要是将语料集中的单词统一转换为小写形式，并使用预定义的单一标记去替换语料集中的多单词术语和一些特殊符号或标记，如使用下划线去替换空格，使用 <UNK> 去替换不在词汇表中的一些标记等。对于中文语料，则需要根据词汇表和分词工具进行分词，并同样做一些标记化处理。最后，需要输出和保存经过预处理的结果语料集(一般为 TXT 格式)，以及一个包含上下位关系词表中术语频率的文件(一般以 .vocab 作为后缀)。此外还需要将上下位关系词表按 8：1：1 的比例拆分为训练集、测试集和验证集。

6.5.1.2 上下位关系识别的实验方法、工具与关键过程

本小节的实验环境仍为 Linux 操作系统，版本为 CentOS7.5，64 位，32GB 内存。实验用到的基本工具包有 Python3.7（Python 开发环境）、PyTorch（基于 Python 的深度学习开发框架）、Pyhocon（Python 的配置管理库，用于获取 Python 环境变量和相关系统文件等）、NumPy（Python 的数学函数/数值计算库，支持大型高维的矩阵与数组运算）、Joblib（在 Python 中提供轻量级管道的工具，用于执行并行计算和保存训练模型）、

Word2Vec（词嵌入训练和生成工具）。实验的关键过程如下：

（1）首先，基于领域语料集和上下位关系词汇表，利用 Word2Vec 的 Skip-Gram 模型训练和生成领域词嵌入模型。预先设定的参数有：①路径相关的参数：包括领域语料集的读取路径、上下位关系词汇表的加载路径、输出结果（词嵌入模型）的保存路径，为实验环境相关文件的实际存储位置。②训练相关的参数：生成的词嵌入的维度，本书设置为 200，可适当调整，一般在 50~500，太大会引起维数灾难；训练过程捕获上下文的窗口大小，考虑到长概念词的情况，本书设置为 8，也可适当再调整，一般在 4~10；训练采样使用效率最高的随机负采样算法，本书设置每个正样本的负样本集的个数为 15，实验表明，适当提高负样本的个数能够提升模型的性能；训练采样还使用了高频词亚采样的策略，本书设置其阈值为 1e-5，一般在 1e-3 到 1e-5 之间，其目的是在采样中以一定的概率拒绝或丢弃高频词，从而增加低频词被采样到的概率，能够提升语料处理的效率和低频词的表示精度；最小出现频率，低于这个频率的词会从词汇表中被移除，本书设置为 1，表示不移除，全部考虑所有词。训练开启的线程数，线程数越多，训练的速度相应会越快，但单次内存开销也越大，需要根据实验服务器的情况进行调整，本书设置为 8。训练的迭代次数，一定范围内，迭代次数越多，训练得到的参数会越准确，本书设置为 20。

（2）其次，根据训练生成的领域词嵌入模型，反过来对领域语料集和上下位关系词汇表进行预处理，并存储为 pickle 文件，旨在将上下位关系词对数值化（转换为索引顺序 ID）、向量化（转换为预训练的词嵌入）表示，为进一步训练和测试基于投影学习的上下位关系自动识别模型准备输入数据集，实质是实现 6.2.3.2 小节的设计内容。Pickle 文件是 Python 对数据对象进行持久化、序列化、压缩存储的载体，能够将 Python 对象结构模型（词典、列表等结构化数据）转换为二进制字节流进行存储，且非常方便再次直接读取、加载和解序列化处理等，而不需要再重新编译、执行复杂运算或训练等，具有“一次编译，到处运行”的效果。该步骤的具体过程是：①加载上下位关系词汇表的训练集、测试集和验证集、词嵌入，生成相应列表；②循环读取各个上下位关系词汇列表，将其中的每一个词与词嵌入模型中的词进行比对，以检查其是否已具有预训练的词嵌入，若没有，则为其分配一个随机的嵌入，避免因有的词没有词嵌入造成下一步处理中出现类型转换错误；③生成各个上下位关系词汇列表的嵌入数组。根据 word2vec 中将词汇映射为向量的词典，以及词汇列表，首先生成包含每一个词汇的向量的矩阵，该矩阵的行向量为每一个词汇在词汇列表中的位置；其次将词汇向量矩阵规范化为一个标准的numpy矩阵，即行向量为一个2维numpy数组单位长度。④生成训练集和验证集列表的（查询词 ID，上位词 ID）对的数组。即分别将两个集合中的词作为查询词，将（查询词列表，对应的上位词列表，将查询词映射到 ID 的词典，将上位词映射到 ID 的词典）作为输入，通过循环和映射处理，得到两个集合的（查询词 ID，上位词 ID）对，并利用 numpy 的数组生成方法转换为数组。其中，当训练集中的词作为查询词时，对应的上位词列表，需要根据查询词在上下位关系词汇表中查找生成；将查询词映射为ID的词典，实为查询词在训练集中的索引顺序，通过遍历和枚举即可得到，验证集同理。⑤序列化和转储各个领域语料集的嵌入数组、（查询词 ID，上位词 ID）对的数组等，输出到同一个 pickle 文件中。

（3）再次，编程实现投影学习算法，设置相关的重要参数，利用 pickle 文件和验证集（主要用于评估和计算损失）训练出上下位关系识别模型，并保存为 model.pt 文件。投影学习算法的设计思想如 6.2.3.1 小节所述，模型训练与优化的思路如 6.2.3.3 小节所述。相关重要参数的设置如下：①投影学习相关的参数：投影的个数为 24，dropout 的比率为 0.5。②模型优化相关的参数：使用 Adam 算法进行优化（同 5.3.2.4 小节的步骤 4 所述），使用 Adam 进行矩估计的参数 b1=b2=0.9，初始学习速率为 2e–4，权重衰减比率为 1e–4。③模型训练相关的参数：训练批次大小为 32，负采样的个数为 15，最大迭代周期为 1000，梯度裁剪比率为 1e–4。

6.5.1.3 上下位关系识别的实验模型的评估与结果分析

加载上文的 pickle 文件和训练得到的模型 model.pt，将测试集或自定义查询集作为输入，调用和执行相关的预测和评估脚本，即可获得识别结果和输出模型精度。在医学领域的部分识别结果如表6.3所示，模型平均精度为0.88。为了进行对比，在通用领域语料集上也按照上述过程做了一些实验，部分识别结果如表6.4所示，模型平均精度为0.83。为了保持一致性，涉及训练词嵌入的步骤，各试验皆将维度大小设置为200，因先前试验发现向量维度超过200并不会显著增加模型性能和精度，因而本书认为对于上下位关系识别任务，维度为200应足以捕获全部有用依赖信息。经对比试验调整后，在资源环境领域语料集上的试验结果如表6.5所示，模型平均精度为0.85。

表6.3 医学领域概念上下位关系识别结果示例

Table 6.3 Examples of Hypernym-Hyponym for Medical Concepts

医学领域概念词	上位词集合(Top5)
Aneurysm(动脉瘤)	procedure; clinical finding; soft tissue lesion; anatomical structure; disease
Diagnostic lumbar puncture (诊断性腰椎穿刺)	clinical finding; disease; procedure; sickness; illness
Vertebra(脊椎)	body region; bone; body structure; fracture; anatomical structure
Thymosin(胸腺素)	protein; biopolymer; enzyme; hydrolase; lyase
Pain assessment(疼痛评估)	pain;sickness; disease; illness; practice of medicine

表6.4 通用领域概念上下位关系识别结果示例

Table 6.4 Examples of Hypernym-Hyponym for General Concepts

通用领域概念词	上位词集合(Top5)
Miscreant(不法之徒)	person; bad person; wrongdoer; actor; politician
Queen Elizabeth (伊丽莎白女王)	person; king; monarch; aristocrat; patrician
Microcontroller (微控制器)	electronic circuit; circuitry; pc board; computer chip; electrical device
Business concern (商业公司/业务关注点)	corporation; business organization; government agency; business firm; written agreement
Vegetarian(素食者/素的)	dessert; dish; recipe; food product; person

表 6.5 资源环境领域概念上下位关系识别结果示例

Table 6.5 Examples of Hypernym–Hyponym for Resource and Environment Concepts

资源环境领域概念词	上位词集合(Top5)
climate change(气候变化)	全球变化；气候学；气象学；大气科学；全球环境变化
numerical simulation (数值模拟)	数学模拟；数值计算；数值分析；计算机仿真；计算机模拟
climate warming (气候变暖)	气候变化；全球变化；全球气候变化；气候变动；气候突变
sediment(沉积物)	固体微粒；地质学；海洋学；矿物学；沉积作用
soil organic carbon (土壤有机碳)	土壤有机质；土壤有机物；土壤学；矿物学；有机元素

此外，为了更好地体现本研究方法的效果，本书还将本方法与先前一些上下位关系识别的有监督机器学习方法进行了对比，结果如表 6.6 所示，其中 ProjL + Word2Vec 用于指代本书的投影学习方法。

表 6.6 几种上下位关系识别模型对比

Table 6.6 Comparison of Several Hypernym–Hyponym Recognition Models

模型名称	模型描述	平均精度
Diff+TypeDM	基于分布假设的有监督逻辑回归模型[193]	0.73
SVM+Word2Vec	支持向量机与Word2Vec词嵌入相结合	0.81
SVM+DDM	支持向量机与动态距离—差数嵌入相结合[147]	0.83
ProjL+Word2Vec	投影学习与Word2Vec词嵌入相结合	0.85

从上述结果可以看出，尽管使用不同的领域数据进行训练和测试可能会在一定程度上降低本书所构建模型的性能，但其平均精度仍保持在一个较高的水平。这表明我们的投影学习及查询词和候选上位词的词嵌入编码方法具有较强的泛化能力，并且可以用查询词和候选上位词的词嵌入作为全局特征来表示领域概念的上下位关系。总体实验结果表明，本书所构建的基于模式和投影学习的识别模型，能够有效识别出领域概念的上位关系集合，并且在医学领域的识别精度要高于

在通用领域的识别精度。可见，在相对专业性强的领域，使用标准的高质量的领域词表作为监督，会极大地提升投影学习模型的精度，如表 6.3 所示。同时，在负采样、子采样、高频词亚采样等多种策略的联合优化下，本方法对即使只在语料中出现过一次的低频词或命名实体也具有较好的预测效果。如表 6.4 中对“*Queen Elizabeth*”的识别相对是准确的，但经核查“*Queen Elizabeth*”在测试语料中仅出现了一次。同时，本方法还可以发现同一概念的不同意义的上位词，但识别模型给出的最高评分的上位词意义则是其在语料集中最常共现的上下文所表达的意义。如表 6.4 中的“*Vegetarian*”作为形容词时表示“素的（没有肉的）”，常与食品联系在一起，形成多字词，才能表达完整的意思；而作为名词时表示“素食者（提倡吃素的人）”，是一个独立词，从识别的结果可以看出显然前者是其最为常见的意义，因此输出排序也比较靠前。

但是，也正因为一词多义，会让本方法在学习时受句法歧义、语义交叉等影响，因而也会存在一些错误或混淆识别的情况。如表 6.4 中的“*Business concern*”作为专有名词时是“商业公司 / 商行”的意思，但还有一些语境会将其引申表达为“业务关注点”的意思，给精准识别带来了困难。此外，一些比较泛的顶层词，因为在当前算法下具有较高的权重和分值，会频繁地出现在上位词集合的前列，如表 6.3 中医学领域的“*disease*”，如表 6.4 中通用领域的“*person*”等，几乎会成为相应领域半数以上概念词的候选上位词，会影响到更有价值的语义距离更近的上位词的输出。未来可能需要考虑对经常出现的顶层上位词进行特别关注和适当减权，以降低其候选分值，从而实现识别性能的优化和精度的进一步提升。并且可能由于前期准备的资源环境领域的试验语料未经过人工进行有效性审核和干预等，造成模型精度不如在医学领域精度高，后期在其他领域应用时应考虑进一步增加有效语料集的数量和提升有监督语料集的质量，以进一步提升模型的识别精度。

6.5.2 同义关系的自动识别试验应用

6.5.2.1 同义关系识别的实验数据集的获取与预处理

与上下位关系识别类似，基于领域词典 / 知识库的同义关系自动识别方法仍属于字符串机械匹配的过程，因而实验部分本书着重对基于 CBOW 词嵌入的同义关系自动识别方法进行了实现与验证。同样，由于高质量语料集和词汇表的问题，本书首先选择在通用领域进行实验，所使用的领域语料集为 Wikipedia 的一个子集 enwiki9，文本压缩包大小为 300MB，包含了约 218000 个词汇量，保存为 train.txt。实验所用的同义词表和反义词表抽取自 Python NLTK 自然语言工具包的语料库的 WordNet 知识库，抽取了约 30000 个同义词集合对，15000 个反义词集合对，分别保存为 synonyms.txt 和 antonyms.txt。领域语料集的预处理方法也与上文类似，所有语料需要统一转换为小写、处理特殊符号和分词处理等。

6.5.2.2 同义关系识别的实验方法、工具与关键过程

实验环境与 6.5.1.2 小节相同。实验用到的基本工具包为 Python3.7、PyTorch、Word2Vec（训练与生成 CBOW 词嵌入）。实验的关键过程如下：

（1）首先，着重对 Word2Vec 的 CBOW 模型进行改进，加入对同义词和反义词信息的处理程序，即增加判断当上下文词分别为同义词或反义词时，对目标词出现概率的预测模块，并赋予该模块一定的权重，和原来的上下文预测的目标函数一起加权计算，形成新的目标函数。此外，其他一些需要加载和预处理语料的部分，也相应加入对同义词表和反义词表的处理。

（2）其次，基于领域语料集、同义词表和反义词表，利用经改进的 Word2Vec 的 CBOW 模型训练和生成用于同义关系识别的词嵌入模型。仍需要预先设置一些参数：①路径相关的参数：包括领域语料集的读取路径、同义词表的加载路径、反义词表的加载路径、输出结果（词嵌入模型）的保存路径，为相关文件的实际存储位置。②训练相关的参数：与 6.5.1.2 小节类似，包括词嵌入的维度为 200、上下文窗口大小为 8、

高频词亚采样的阈值为 0，表示对高频词随机采样、使用负采样算法（负采样个数为 15）、训练开启的线程数为 8、最大迭代次数为 20、初始学习速率为 1e–5 等。

6.5.2.3　同义关系识别的实验模型的评估与结果分析

加载上文训练得到的模型，将自定义测试集作为输入，调用和执行相关的预测和评估脚本，即可获得识别结果和输出模型精度。在通用领域的识别结果如表 6.7 所示，模型平均精度为 0.82，在资源环境领域的识别结果如表 6.8 所示，模型平均精度为 0.80。

表 6.7　通用领域概念同义关系识别结果示例

Table 6.7　Examples of Synonym for General Concepts

通用领域概念词	同义词集合(Top5)
cat(猫)	animal; big cat; kitty; dog; guy
sea(海洋)	ocean; pacific ocean; atlantic ocean; arctic ocean; deep water
freedom(自由)	liberty; free; unrestrained; exemption; equality
structured data (结构数据)	data structure; integrated data; relational data; relational database; xml
north pole(北极)	arctic; arctic region; arctic pole; polar; polar region

表 6.8　资源环境领域概念同义关系识别结果示例

Table 6.8　Examples of Synonym for Resource and Environment Concepts

资源环境领域概念词	同义词集合(Top3)
climate change(气候变化)	全球气候变化；气候突变；气候变动
numerical simulation (数值模拟)	数字模拟；数值拟合；数值计算
climate warming(气候变暖)	全球变暖；全球气候变暖；温室效应
sediment(沉积物)	沉淀物；淀积物；淤积物
soil organic carbon (土壤有机碳)	土壤碳源；土壤碳元素；土壤碳含量

实验结果表明，模型可以有效识别出一定的同义关系，且识别出的同义关系在理论上是属于同簇的或具有成簇潜质的。同时，可发现模型对动名词词组、形容词＋名词词组的同义关系识别效果要略好于名词词组，可能是动词与形容词与上下文的联系更为紧密，且在语料和词表中出现更为频繁的原因。此外，模型仍存在一些错误识别的情况，可能会把经常共现的处在大致对等语境位置的关联词组误认为具有同义关系，如“猫”和“狗”，如“自由”和“平等”，但实际上又非常难以严格区分这种情况与同义关系的不同之处。总体来看，模型的识别精度还需要进一步提升，一方面可能需要覆盖范围更广、词汇量更大的同义词表和反义词表来增强词嵌入的学习过程，另一方面也需要对同义关系的上下文进行更为精准的表示和描述来提升模型的预测能力。当应用到特定专业领域时，可能更需要专业领域的同义词表和反义词表的支持，如可考虑从汉语主题词表在线服务系统或其他专业领域词典中提取中文领域同义关系词表。

6.5.3 相关关系的自动识别试验应用

6.5.3.1 基于特征编辑距离的相关关系自动识别试验与结果分析

该试验不需要预先准备语料集。实验环境仍与 6.5.1.2 小节相同。实验用到的基本工具包有 Python3.7、Pypinyin（汉字拼音转换库）。试验的关键过程如下：

首先，构建了一系列拼音特征和字形特征编码映射表，如图 6.2 所示。其次，按 6.4.2.2 小节的 Step1～Step3 所述，利用 Pypinyin 工具包和在线汉语词典检索 API 等，获取字的拼音特征和字形结构特征数据，并利用编码映射表和字符串的模式匹配算法，按预先设计的特征编码序列的体系结构和表示规则分别生成拼音特征编码和字形特征编码，并分别封装为多个独立的特征计算模块。再次，按 6.4.2.2 小节的 Step4 所述，实现基于编辑距离的中文特征编码相似度计算模型，实质是对上述多个特征模块分别进行相似度计算然后进行组合、加权和归一化处理。最后，为模型设定的相关权重参数如下：$\alpha=\beta=0.5$，$\alpha_1=0.4$，$\alpha_2=0.4$，$\alpha_3=0.1$，

$\alpha_4=0.1$，$\beta_1=0.2$，$\beta_2=0.5$，$\beta_1=0.3$。在此设定下，与 6.4.2.1 小节相比，“中国海”与“黄海”的相似度为 0.52，“沉积物”与“沉淀物”的相似度为 0.76，“猫”与“狗”相似度为 0.33。可见，与传统算法相比，相似度计算的准确率有了很大提升，尤其是对于字形相近的词，能够极大地提高其聚类在一起的概率。

```
#韵母编码映射表
yunmuDict = {
    'a':'1', 'o':'2', 'e':'3', 'i':'4', 'u':'5',
    'v':'6', 'ai':'7', 'ei':'7', 'ui':'8', 'ao':'9',
    'ou':'A', 'iou':'B', 'ie':'C', 've':'D', 'er':'E',
    'an':'F', 'en':'G', 'in':'H', 'un':'I', 'vn':'J',
    'ang':'F', 'eng':'G', 'ing':'H', 'ong':'K'
}
#声母编码映射表
shengmuDict = {
    'b':'1', 'p':'2', 'm':'3', 'f':'4', 'd':'5',
    't':'6', 'n':'7', 'l':'7', 'g':'8', 'k':'9',
    'h':'A', 'j':'B', 'q':'C', 'x':'D', 'zh':'E',
    'ch':'F', 'sh':'G', 'r':'H', 'z':'E', 'c':'F',
    's':'G', 'y':'I', 'w':'J'
}
#字体结构编码映射表
shapeDict = {
    '左右结构':'1', '上下结构':'2', '左中右结构':'3',
    '上中下结构':'4', '右上包围结构':'5', '左上包围结构':'6',
    '左下包围结构':'7', '上三包围结构':'8', '下三包围结构':'9',
    '左三包围结构':'A', '全包围结构':'B', '镶嵌结构':'C',
    '品字形结构':'D', '田字形结构':'E', '独体字':'0'
}
#笔画数编码映射表
strokesDict = {
    '1画':'1', '2画':'2', '3画':'3', '4画':'4', '5画':'5',
    '6画':'6', '7画':'7', '8画':'8', '9画':'9', '10画':'A',
    '11画':'B', '12画':'C', '13画':'D', '14画':'E', '15画':'F',
    '16画':'G', '17画':'H', '18画':'I', '19画':'J', '20画':'K',
    '21画':'L', '22画':'M', '23画':'N', '24画':'O', '25画':'P',
    '26画':'Q', '27画':'R', '28画':'S', '29画':'T', '30画':'U',
    '31画':'V', '32画':'W', '33画':'X', '34画':'Y', '35画':'Z'
}
```

图6.2　特征编码映射表构建过程示例

Figure 6.2　Example of Construction Process of Feature Coding Mapping Tables

6.5.3.2 基于 GloVe 的相关关系自动识别试验与结果分析

实验环境仍与 6.5.1.2 小节相同。实验用到的基本工具包有 Python3.7、PyTorch、Gensim（Python 用于主题建模和分析文本语义结构的开源机器学习组件库，已支持 Word2Vec 模型加载与使用）、GloVe（训练与生成 GloVe 词嵌入）、Word2Vec（训练与生成 Word2Vec 的 Skip-Gram 词嵌入）。实验的关键过程如下：

（1）首先，试验数据集的获取与预处理。与其他非分类关系相比，相关关系并不是一种具有严格限制意义的关系，因而对领域语料集和词汇表的要求相对并不是很高。因此，本小节仍以资源环境领域为例，进行相关关系的识别实验研究，其领域语料集的获取与预处理过程与本书的 3.5 或 4.4.1 小节基本相同，这里不再细述。最终形成的就是一个经过了分词、去除停用词、特殊符号、统一英文字符大小写等预处理的领域语料集 train.txt，以及包含了对语料集中的词汇进行词频统计的词汇表 vocab.txt。

（2）其次，实现共现统计矩阵的计算方法，基于经过预处理的领域语料集和词汇表，生成语料集中词与词间的共现统计矩阵，并保存为二进制文件 cooccurrence.bin。预设的重要参数有：上下文窗口大小为 15，使用对称上下文进行训练，根据单词之间的距离来加权共现计数等。同时，若共现统计矩阵文件过大，还需要利用无序排列工具对其进行洗牌和重组，最终将重新生成一个二进制文件 cooccurrence.shuf.bin。

（3）最后，基于语料集、词汇表、共现统计矩阵等，利用 GloVe 模型训练 GloVe 词嵌入，保存为 glove_vector.txt 和 glove_vector.bin（二进制格式）。仍需要预先设置一些参数：①路径相关的参数：包括语料集的读取路径、词汇表的加载路径、共现统计矩阵文件及洗牌后文件的加载路径、输出结果（GloVe 词嵌入模型）的保存路径等，为相关文件的实际存储位置。②训练相关的参数：如实验设置词嵌入维度为 200，上下文窗口为 7，训练迭代次数为 25，训练线程数为 8，初始化学习速率为 0.05，加权函数的指数参数为 0.75，加权函数中用于指定截止值的参数为 100 等。

应用时，需要首先利用 Gensim 的 glove2word2vec 方法将训练得到的

glove_vector.txt 转换为 Word2Vec 支持的词嵌入格式 word2vec_vector.txt，实质是在原来 GloVe 词嵌入文件最前端插入一列，写入词嵌入的总个数及维度大小。然后就可以利用 Gensim 支持的 Word2Vec 的相关方法加载该模型和进行相似度计算和词聚类等。同时，为了进行对比，本书还使用相同的参数设置，利用 Word2Vec 的 Skip-Gram 模型、负采样算法和随机梯度下降算法，也构建和训练了相关关系识别的 Word2Vec 词嵌入模型。部分试验结果如表 6.9 所示：

表 6.9 资源环境领域概念相关关系识别结果示例

Table 6.9 Examples of Correlation for Resource and Environment Concepts

领域概念词	Word2Vec输出的相关词集合(Top5)	GloVe输出的相关词集合(Top5)
沉积物	表层沉积物；胶州湾；沉积环境；海洋化学；稀土元素	重金属元素；金属元素；潮滩；有机质；沉淀物
潮流	重金属；长江口；营养盐；黑潮；潮滩	波浪；泥沙；潮波；余流；潮汐
气候变化	神狐海域；人类活动；年际变化；海平面；超氧化物歧化酶	人类活动；环境演变；海洋环境；全球变化；气候变暖
温室效应	海—气相互作用；低氧区；热液活动；年际变化；硫化物	气烟囱；年际变异；深水油气；Argo剖面浮标；气候变暖
海洋酸化	构造演化；富钴结壳；生态环境；围填海；海岸侵蚀	海洋污染；颗粒有机物；黑碳；二氧化碳；碳含量

从实验结果来看，可能因为语料还不够充分的关系，整体识别精度还有待提升。但一方面，基于 GloVe 词嵌入的相关关系自动识别效果显然要好于基于 Word2Vec 词嵌入的识别效果，很大程度上是因为 Word2Vec 词嵌入模型只使用了语料库的局部上下文信息进行学习，训练过程是完全无监督的，而 GloVe 词嵌入模型优先使用了语料库词汇的全局共现统计信息和词频信息作为先验信息进行有监督学习，然后再使用语料库的局部上下文信息进行训练，因而获得了较高的识别精度。另一方面，虽然未经监督的 Word2Vec 词嵌入的识别效果相对较差，但值得肯定的是具有很大的启发性与扩展性，可能发现与特定领域概念相交

义的或联系紧密的研究主题、研究热点或研究方向信息。因此，后期应考虑将 GloVe 词嵌入和 Word2Vec 词嵌入结合起来，进行合并、加权与归一化计算，效果肯定会有更大提升。此外，在其他一些需要更加精确计算的场合，如相似主题文献的查找或推荐等，可以进一步考虑将基于特征编码编辑距离的方法和 GloVe 词嵌入、Word2Vec 词嵌入三者结合起来，进行合并、加权与归一化评分计算，以获得更好的相关性排序和输出结果。

6.6 本章小结

领域本体非分类关系的自动识别是丰富和完善轻量级领域本体知识框架结构的必要过程。本章将传统主流方法与深度学习方法有机结合起来，分别研究和提出了基于多策略混合的轻量级领域本体上下位关系、同义关系、相关关系的自动识别方法及模型，并进行了实验验证与评估分析。具体研究内容有：对轻量级领域本体非分类关系的基本定义和研究内容进行分析界定，提出了基于深度学习的轻量级领域本体非分类关系自动识别研究框架；提出了轻量级领域本体上下位关系自动识别研究的核心技术路线，分别研究构建了基于扩展 Hearst 模式、基于词嵌入和投影学习的轻量级领域本体上下位关系识别方法及模型；提出了轻量级领域本体同义关系自动识别研究的核心技术路线，分别研究构建了基于领域词典 / 知识库、基于改进 CBOW 词嵌入的轻量级领域本体同义关系识别方法及模型；提出了轻量级领域本体相关关系自动识别研究的核心技术路线，分别研究构建了基于特征编码编辑距离、基于 GloVe 词嵌入的轻量级领域本体同义关系识别方法及模型；轻量级领域本体非分类关系自动识别的实验应用研究，分别设计和实施了三种关系识别的实验，并对各个实验结果进行了评估分析。

第7章

轻量级领域本体的自动存储表示与服务应用

7.1 相关工作基础与研究框架设计

基于本书第 4 至第 6 章的研究，可通过将传统自然语言处理和机器学习的主流方法技术与当前最先进的深度学习方法有机结合起来实现从领域文本中逐步自动构建与生成一个轻量级领域本体。该轻量级领域本体一般主要包含三大核心要素：领域主题的基本概念术语、领域主题的分类关系结构（及每一分类结构下所包含的概念术语集合）、领域主题的非分类关系结构（概念术语间的上下位关系、同义关系、相关关系）。有了领域本体后，如何对轻量级领域本体进行存储表示和服务应用，也是一个必须解决的问题。

过去，在以领域专家参与为主的手工构建方法模式中，大多主要使用比较经典的手工本体构建工具如 Protégé 等[13]提供的图形化用户界面进行本体基本框架的构建，本体的实例（数据属性）和关系数据（对象属性）的填充也主要通过人工逐条编辑和手动输入，并通过相关可视化插件如 Graphviz[201]、TouchGraph[202]等提供本体的查看和展示服务。在这种模式下，若要脱离这些本体构建的原生 / 宿主工具，一般只能使用工具本身提供的导入 / 导出功能将本体框架及实例 / 关系数据转换和存储为一个本地的 OWL、RDF、Turtle、OBO 等格式的静态文件。这种静态文件的可解释性、可扩展性、可重用性和可互操作性都较差，非常不利于快速嵌入生产环境的 Web 应用服务系统或支持第三方集成调用等。后来，随着传统自然语言处理和机器学习技术的驱动，越来越多的研究者开始使用一些半自动化工具如 OntoLearn[203]、Text2Onto[204]等进行本体构建，但这些工具的主要目的大多在于处理可变的不同格式的数据集，提供一些多维数据转换与抽取算法等供用户进行选择，本体的学习和生成过程实质是关系数据本身驱动的、机械的、模式的匹配、转换与映射过程。与 Protégé 等相比，实际增加的只是批量导入和数据转换的功能，相对减轻了一定工作量，但在本体构建、存储和服务方面上的本质仍属于手工构建本体的范畴，所以仍存在着同样的难解释、难扩展、难重用、难以互操作等服务应用难题。这显然违背了领域本体旨在支持数据共享和重用的构建初衷。而且实际调研发现，这些工具尤其如当初比较知名的应用相对比较广泛 Text2Onto 等，也大多主要活跃在 2010 年以前的文献应用研究中，目前要么工具版本已经老旧过时，官网已无人更新维护，下载后也无法在当前操作系统下正常安装，要么早已经在互联网上销声匿迹。总的来看，一方面，随着不同学科或研究领域主题间的交叉程度越来越大，联系越来越紧密，领域文本中的专业概念术语，包括新词、热词、舶来词等在不断快速增长，对领域本体的规模、覆盖度、灵活性有了更高要求，任何只依靠手工或机械数据转换模式生成的本体规模小、质量不佳、扩展性差，显然难以在生产环境长期维持和投入使用；另一方面，随着自然语言处理和深度学习技术的不断发展推进，谋求领域本体的自动化构建方法模式已成为必然趋势和主流导向，该方法模式以从海量领域文本数据中自动学习和挖掘领域本体的核心知识要素为基本目标，同等条件下，使用的基础领域数据集规模越大，学习到的领域本体知识相对会越准确，但自动构建和生成的领域本体的数据规模也会相应越来越庞大，内容结构关系也会越来越繁杂。因而过去单一的静态文件的本体存储表示方式显然已不适用于如今规模化的、对灵活性、可扩展性、可互操作性要求极高的领域本体，亟须谋求新的领域本体存储表示和服务应用方法，以快速有效地支撑实际的知识服务应用需求。

因此，本章的主要研究目标就是研究和探索深度学习模式下轻量级领域本体自动存储表示和服务应用的核心方法和关键技术策略，设计和提出了基于 RDB 和 GDB 模式混合的轻量级领域本体自动存储表示方案，基于 RESTful API 的轻量级领域本体自动服务应用方案，并进行实证研究。主要研究内容框架如图 7.1 所示：

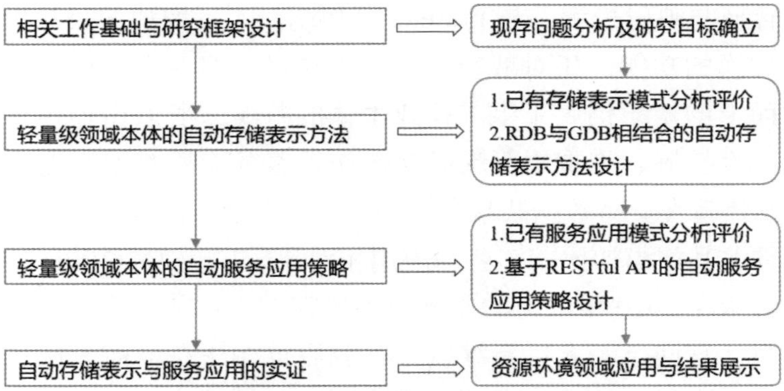

图7.1　轻量级领域本体的自动存储与服务应用研究框架
Figure 7.1　Research Framework for Automatic Storage and Service Application

7.2　轻量级领域本体的自动存储表示方法

7.2.1　代表性的自动存储表示模式分析评价

7.2.2.1　静态文件数据模式

由于领域本体的手工构建方法及其所依托的经典手工本体构建工具如 Protégé 等在过去很长一段时间内一直处于主导地位，因而将领域本体存储表示为以 OWL、RDF 等为代表的静态文件数据也一直是过去领域本体的主流存储表示模式。OWL、RDF 都是最早在 2004 年由著名的权威的国际标准化组织万维网联盟 W3C 为描述、表示、处理和整合 Web 信息资源而提出的。如本书的 1.2.3.1 小节所述，目前 OWL、RDF 已逐渐演变为一种主要应用在自然语言处理和知识挖掘领域的基于 Web 的本体 / 关联数据构建语言，旨在为本体 / 关联数据提供一种机器可读的通用的基础数据模型及表示规则。此外，也有一些其他语言格式，如 OBO、Turtle、XOL、SHOE 等，但都比较小众，不如 OWL 和 RDF 应用广泛。该模式的优点是只要根据本体工具的图像化用户界面的提示逐步操作（添加类、对象属性、数据属性、实例等）就可以直接自动转换和生成相应格式的静态文件，并能够导出和保存在本地，或者也可以基于 OWL、RDF 等模型的语言规则，自己编写程序生成。总体而言，该模式实现过程相对比较简单，并可以借助相关可视化组件直接在本地检索、查看和展示本体的结构层次等，但它存在最大的问题是难以便捷处理和存储大规模的领域本体，同时也难以进行灵活扩展更新及快速提供基于 Web 的在线本体应用服务等，因而难以真正投入实际生产应用。

7.2.2.2 动态关系数据模式

Jena[205]，最初在 2000—2009 年是由英国布里斯托尔的 HP 实验室所开发和支持，随后从 2010 年至现在转由著名的美国非营利组织阿帕奇软件基金会进行维护和孵化，已成为一个专用于构建语义网和关联数据应用的开源 Java 框架。该框架目前主要包含 RDF、OWL、Triple store 三大功能模块：① RDF：提供 RDF API，用于创建和读取 RDF 图，将三元组序列化为 RDF/XML 或 Turtle 格式。同时，提供 ARQ 查询引擎，实质是一个基于 SPARQL1.1 标准的一致性引擎，用于查询 RDF 数据，并且支持远程 SPARQL 端点联合查询和自由文本检索。② OWL：提供 Ontology AP，支持使用自定义模型、RDFS 或 OWL 为 RDF 数据添加额外的语义。同时，提供 Inference API，支持对 RDF 数据进行推理，以扩展和检索三元组存储的内容，并且支持自定义配置推理规则或使用内置的 OWL 或 RDFS 推理器。③ Triple store：提供一个本地的高性能三元组存储库 TDB，用于持久化存储三元组数据，并支持全部的 Jena API。同时，提供 Fuseki API，用于将三元组存储库公开为可通过 HTTP 协议在线访问的 SPARQL 端点，实质是提供了一种 REST 风格的与 RDF 数据交互的方法。此外，Jena 还支持几乎所有主流的关系数据库 RDB，如 MySQL、PostgreSQL、Oracle、SQL Server、HSQLDB 等。通过将 Jena 相关的 jar 包和 RDB 对应的 JDBC 驱动包导入 Java Web 项目的 lib 库中，就可以利用 Jena 创建 RDB 模型制造器，以文件输入流的形式读取本地的 OWL、RDF 静态文件，并执行数据解析与转换，最终将本体模型持久化存储在RDB中，一般会生成7个具有固定含义和存储内容的数据表。并且Jena还提供了一系列本体实例和关系数据批量填充/读取的方法、特定语义关系推理/展示的方法等，都可以通过Java Web编程实现调用，从而将本体模型嵌入和应用到实际的Java Web项目中。该模式主要借助了Jena API将领域本体由静态文件转变为可嵌入应用的动态关系数据，并且也能够批量处理较大规模的本体实例数据，因而目前应用比较广泛。但该模式也存在一定问题：其一，操作实现过程整体比较复杂，需要有良好的编程应用能力才能驾驭。其二，可视化性能差、可解释性差，存储后的领域本体及实例数据直接是不可见的，只能通过Jena提供的API或相应java方法查看和读取，即使是持久化存储在RDB中得到的数据表结构和内容直接看起来也晦涩难懂。因而如果出现部分错误，如批量填充本体实例数据中途出错等，人为很难快速发现和及时更正。其三，Jena的本体模型处理接口的性能还有待提升，操作时经常是把整个本体文件一次性全部加载到java虚拟机，当数据量比较大时，处理速度会很慢，常会导致内存溢出。目前与Jena类似的框架Sesame[206]、RDF4J[207]等，还有一些内置了Jena组件的工具如D2RQ[208]、DB2RDF[209]等，支持直接将RDB数据映射为RDF数据并公开为在线SPARQL端点等，但总体上都没有Jena功能全面和强大。

7.2.2.3 动态网络图数据模式

Neo4j[210]，是目前最流行的一个开源图数据库GDB，与以往基于SQL的RDB不同，它主要使用图而不是数据表来存储结构化数据，因此又常被称为NoSQL数据库。具体来说，相对于传统RDB主要是由多个数据表相互关联引用组成，每个数据表又主要由行和列组成而言，GDB并没有“数据表、行、列”这些概念。GDB主要是以节点空间来组织领域数据的，整个节点空间又是由很多节点、关系和属性（Key-Value键值对）构成的图形网络。在整个网络中，关系是第一级对象，一个关系将至少连接两个节点，必须有一个开始节点和结束节点，但是允许两个节点相同（节点自己指向自己）；节点和关系都可以具有属性，节点属性用于表示节点本身的性质或语义，关系属性用于表示与节点交互的上下文信息。利用 GDB 图结构存储和表示领域数据的最大优点是，可以使用图的各种遍历、推荐、联机分析处理算法 OLAP 等高效快速地查询和获取目标数据，如最短路径算法、宽度 / 深度优先遍历算法等，Neo4j 也已提供了相关 API，支持自定义或自由调配各种算法。同时，Neo4j 也是一个高性能的、嵌入式的、可扩展的 java 持久化引擎，可以独立完整地执行 java 事务和提供服务。它能够在一台服务器上快速高效地处理上亿级别的图数据，也可同时支持多台服务器进行分布式并行运算，因为基于图的数据建模方式决定了 Neo4j 遍历节点与关系（边）的速度几乎是等同的，与构成图的数据量大小并没有直接关系。因此，与 RDB 在进行复杂频繁的查询时常会因为并发量过大、连接池过多导致性能不佳相比，GDB 要更善于处理规模化、高复杂性、高交互性的领域数据，并很少存在性能衰减问题。因而，近年来，已有大量研究者开始研究和使用 Neo4j 等动态图数据模式来存储和管理领域本体，有直接将原始数据或 RDB 中的关系数据迁移到 Neo4j 中进行存储和管理，也有利用 Jena API 将 RDF 数据映射和转储为 Neo4j 图数据进行存储和查询[211-213]。目前与 Neo4j 类似的 GDB 还有 OrientDB、ArangoDB、GraphDB 等，但它们有的是包含文档和图形两种引擎的混合型数据库，比较重量级；有的不支持主流编程语言；有的是商用的并不免费等；因而都不如相对轻量级的开源的但又高性能的 Neo4j 应用广泛。

7.2.2　RDB 与 GDB 相结合的自动存储表示方法设计

综上研究，本书提出了基于传统关系数据库 RDB 与新兴图数据库 GDB 模式混合的轻量级领域本体自动存储表示方法。之所以采用两种模式混合的策略，是期望能充分利用两种模式的优点：一方面，RDB 是过去应用最广泛的存储库，大多数中小型 Web 服务应用都是基于 RDB 进行构建，同样使用 RDB 模式存储轻量级领域本体将非常易于将其直接嵌入相关应用的底层数据结构或与之实现库对库的本地 / 远程快速对接。同时 RDB 已有很多图形（界面）化、支持一键拖拽、便捷可靠的数据库设计和管理工具，如 Navicat 等，因而在本地及远程的数据查询 / 读取、新增/编辑、导入/导出、备份/还原、不同类型格式转换方面极具友好性和直观性，极易于部署使用。另一方面，GDB是当前最流行的高性能存储库，虽然与RDB相比在数据/关系的组织表达方面较为复杂，但胜在查询和读取数据时的高效性与高交互性，极易于存储/处理规模较大、复杂度较高的领域本体语义关系数据。存储表示的具体实现过程如下：

（1）本书选择的RDB是MySQL，主要利用MySQL来存储领域本体的基本类目结构和概念术语。首先，需要下载和安装MySQL数据库服务器，进行相关环境配置，启动MySQL数据库服务。其次，借助Navicat图形化工具设计出益于领域本体存储表示的可灵活扩展的MySQL表结构体系，应保证当有新的领域本体类目或概念术语加入时，不会影响领域本体中的已有数据，也不需要再更改相关表结构。最后，利用MySQL的相关数据库接口（如Python的MySQL DB-API、Java的MySQL JDBC Driver等）进行编程，连接MySQL数据库，按语法规则创建和执行相关SQL命令，即可将领域本体的相应类目结构和概念术语存入上述预定义的表结构。

（2）本书选择的GDB是Neo4j，主要利用Neo4j来存储领域本体相关的大规模实例关系数据。首先，需要下载和安装Neo4j数据库服务器，并进行相关环境配置，启动Neo4j数据库服务。其次，利用Neo4j的相关数据库接口（如Python的py2neo、Java的Neo4j Native /Cypher Java API等）进行编程，依次连接Neo4j数据库，创建用于领域本体数据存储的图数据库实例。然后，继续利用接口所提供的方法创建执行引擎，在执行引擎中执行相关方法和CQL命令，包括创建节点和为节点添加属性，创建节点间的关系和为关系添加属性等，最终将领域本体相关的实例关系数据存入图数据库实例。

（3）此外，由于语义化框架Jena同时支持RDB和GDB，可考虑预先在Web应用程序中下载并导入Jena组件，使用Jena作为连接桥实现两个存储库之间数据/关系的同步、映射与转换等，在必要时也可生成OWL或RDF文件或利用Jena的Fuseki API将领域本体库公开为SPARQL端点提供语义查询、推理等。

7.3　轻量级领域本体的自动服务应用策略

7.3.1　代表性的自动服务应用模式分析评价

7.3.1.1　基础知识源形式

以基础知识源形式提供参考引用、下载、转储等服务，是领域本体最原始、最常规的服务应用模式。具体是指将领域本体作为领域分类标准、架构原型、词表 / 词典、知识库 / 数据库 / 语料库等直接集成展示或打包成文件包 / 工具包发布在领域 / 专业网站上，提供一站式的所见即所得的浏览、检索、下载、转储等服务。该模式的服务方式相对简单，关键在于前期对领域本体内容的大力建设与严谨组织，并不注重或关心后期他人如何进一步利用所发布的本体，也不提供更多的增值服务应用支持，更多时候就是作为一个领域知识结构基础标准而存在，尤其像早期的一些知名的顶级本体、通用本体、重量级领域本体、大型任务本体，以及一些小的用户自建本体多应用此模式。如开放生物医学本体 OBO [214] 是美国国家生物医学中心最早自 2006 年起开始集成建设的一个大型生物医学领域本体集合，旨在为生物医学数据 / 信息描述和整合提供统一的标准的规范，目前已包含基因学、物理化学、解剖学、人类疾病学、哺乳动物表型学等跨 50 多个不同子领域的结构良好、内容权威的受控词表，并支持用户免费下载作为基础知识库使用。如地理信息词典 GeoRef Thesaurus[215]，最早是在 1966 年美国地球科学研究所为其地球科学书目数据库 GeoRef 所构建的主题词表，目前它和 GeoRef 数据库一起为美国的一个致力于为地球科学研究和交流提供综合性资源的非营利组织——地球科学世界所集成和维护，已发展为包含同位素、化石学、年代学、地质学、地理学、矿物学、岩石学、土壤学等多个主题领域的 30800 多个受控词汇和完整的 GeoRef 索引结构的主题词库，并已成为

GeoScienceWord 门户网站中不可缺少的用于学科、地理学关键词或时间跨度搜索的工具。与其类似的还有 MeSH[216]、SKOS[217]、FOAF[218] 等。该模式存在的主要问题是，获得这些原始文件包 / 工具包后，需要自行编写数据解析器 / 处理器对所需内容进行解析处理，转换为本地 Web 应用程序需求的格式后才能进一步再嵌入利用。

7.3.1.2 核心数据模型形式

以核心数据模型形式提供嵌入式关联组织、集成、发现等服务，多应用在将领域本体作为底层数据架构和基本组织体系的知识库系统中。该模式主要通过将领域本体概念间的各种语义关系作为组织模板，映射和建立知识库数据间的关联关系，构建和形成一个多维立体、多元交织的知识网络 / 知识图谱，用以揭示和表达领域不同科研实体 / 知识载体（如科研机构、科研项目、科研人员 / 领域专家、学术期刊等）和不同科研对象 / 知识成果（如科技资讯、期刊 / 会议论文、研究 / 科技 / 演示报告、专利等）之间的复杂依存关系，从而支持不同来源、不同类型、不同结构领域数据的整合和集成，并在知识库系统前端为用户提供便捷的点到点的关联浏览和发现服务。比较知名的应用案例如 VIVO[219-221]，最早是由美国康奈尔大学图书馆基于 OWL、RDF、SPARQL、Jena 等语义化技术开发，目前已演变为一个专用于集成和表示多成员支持的联邦机构、学术机构、盈利性出版商和数据提供商所使用的学术关系的开放社区、开放信息模型、开放本体、开源语义 Web 应用程序软件等，提供对学术活动、研究发现、专家 / 网络分析、科研影响力评价等过程的全流程支持，包括存储编辑、浏览检索、可视化展示等。总的来看，VIVO 是当前将领域本体作为核心数据模型提供关联组织、集成、发现等服务应用最深入、功能最有特色、维持时间最长久的案例之一。与此类似的还有 DSpace、Fedora、Drupal、Contentful[222]、Nuxeo[223] 等，虽然也提供和支持一定程度上的基于领域本体 / 关联数据的语义化功能扩展或消费服务，但本质上仍属于模块化的、API 化的、微服务化的内容管理系统，不如 VIVO 在领域本体服务应用方面突出。该模式对领域本体的应用属于内在的嵌入式的紧密应用，通常存在的主要问题是，基于领域本体的数据架构设计实现与多源异构数据的融合集成过程都比较复杂，可能会遇到一系列领域本体概念/实体和语义关系数据抽取、映射、匹配、对等、消歧、推理等的细节难题，并需要综合考虑到系统的健壮性、友好性、可扩展性、可维护性等，因而需要有良好的领域本体模型框架和强有力的技术/资源/服务团队做支撑等，否则难以长久地维持起来。

7.3.1.3 开放 API 形式

以开放 API 形式提供语义查询、标引、分析、计算等服务，是当前开放科学环境下领域本体最广泛、最主流的服务应用模式。常见的 API 形式主要有以下方面。

（1）SPARQL 端点：SPARQL 最早是 W3C 为查询和获取 RDF 数据所设计和开发的一种查询语言规范和数据获取协议，并在 2008 年正式成为 W3C 的推荐标准，目前已成为语义网中查询和获取领域本体及关联数据集的主要标准规范。因而，早期的开放 API 形式多为基于 Jena、RDF4J、D2RQ 等语义化组件将用于存储领域本体的 TDB、RDB 等存储库直接公开为可基于 HTTP 协议在线访问的 SPARQL 端点。如 DBpedia 公开的 SPARQ 端点 [224]，支持利用 Virtuoso SPARQL 查询编辑器和标准 SPARQL 语法在线查询 DBpedia 中包含的所有本体概念、实例和关联数据集等，并可将查询结果输出为 HTML、XML、JSON、Turtle、RDF、N-Triples、CSV、TSV 等多种可选格式保存在本地。与此类似的还有英国住房、社区和地方政府部 MHCLG 的关联开放数据门户 [225]、美国国家医学图书馆的医学主题标题词表 MeSH 等都有相应公开的 SPARQL 端点 [226]。除上述专门的语义化组件外，也有很多语义搜索引擎（如 Swoogle、Arnetminer 等）、关联发现框架（如 SILK[227]、LIMES[228] 等）、内容管理系统（如 Drupal、WordPress 等）等也已支持对远程 SPARQL 端点的联合查询与数据聚合。但可能由于 SPARQL 端点查询使用和管理维护过程都比较复杂，目前很多曾经开放的 SPARQL 端点都已长期不更新或被关闭。

（2）组件库：一般是将基于特定领域本体模型和特定语言编程实现的语义分析计算功能的源码编译和封装为相应的工具/组件包，如

C++ 中的动态链接库 dll 文件，Java 中的 Java 归档 jar 文件，Python 中的 py 脚本文件，JavaScript 中的 js 脚本文件等。实际应用时只需要将所需的工具 / 组件包和领域本体语料库一起导入相应的 Web 项目路径，即可通过调用相关的预留接口快速重现上述功能服务。一个典型的应用案例如 WordNet，已被知名的 Python 自然语言处理工具包 NLTK[229] 整合和集成，并提供了一系列的文本分词、语义标注、语义相似度计算、语义聚类等“开箱即用”的功能服务。除 WordNet 外，NLTK 还整合了其他超过四十多个领域本体词库、词典等。与其类似的，还有 Apache OpenNLP[230]、Stanford NLP suite[113]、GateNLP[231] 等代表性的自然语言处理工具包等。

（3）RESTful API：与传统的以交换和共享资源元数据为主的数据驱动的重量级 Web API，如基于 WSDL 语言和 SOAP 协议的 Web Service API，基于 Dublin Core 编码和 OAI 协议的 OAI-PMH API，基于 CQL 语言和 Z39.50 协议的 SRU/SRW API 等不同，RESTful 是近几年来最流行的以互操作和传递资源服务内容为主的服务驱动的轻量级 Web API 设计标准，虽然仍是基于典型的 HTTP 协议进行构建，但有一套结构清晰、易于理解、可跨平台、可灵活扩展的设计原则和语法规范 REST。REST（Resource Representation State Transfer，资源表示状态转移）中 RE 有双重含义，其一是指 Resource，即定义可被访问的 Web 资源 / 数据对象，粒度可大可小，大的如文本集、数据集等，小的如集合中的一个元素、一组关系等。其二是指 Representation，即定义资源 / 数据对象的表示形式，如 HTML、Microformats、JSON 等，其中 JSON 是其最常用的表示形式。ST 是指 State Transfer，即定义和实现资源 / 数据对象的状态传递、操作等变化过程，是其最核心的部分，其基本规范是：其一，客户端请求和服务端应答的操作指令都必须是“动词 + 宾语”结构，“动词”格式必须为大写，是指包含了 CRUD 操作的 5 种标准的 HTTP 方法：POST/CREATE（新建）、GET/READ（读取）、PUT/UPDATE（更新）、PATCH/UPDATE（部分更新）、DELETE /DELETE（删除）；“宾语”是指生成的 API 的 URL 地址，也是 HTTP 动作的对象和路径。宾语也有一定的规范，如一般是名词，单复数代表的含义不同，应避免多级深层嵌套等。其二，客户端的每一个请求，服务器都必须应答，且应答结果须包含标准的 HTTP 状态码（目前有 100 多种）和数据内容两部分。数据内容的表示形式即 Representation 层预定义的格式如结构化的 JSON 对象等。数据内容中除了包含当前数据处理结果外，还必须明确给出下一步操作可能用到的相关 API 指令链接（又称为 HATEOAS）。其三，除了通信方法 / 接口必须是统一的，客户端和服务端本质上是相互独立的。服务端只负责提供服务，客户端只负责消费服务，服务端不会缓存客户端上一次的请求以供下一次或多次使用。总之，具有类似 REST 风格的 API，常被统称为 RESTful API，又被业内称为智能 API。目前，像谷歌、百度、腾讯、微软、阿里、网易、亚马逊、京东、搜狗等行业巨头都先后建设了自己的 AI 开放平台，提供了各种有关自然语言处理（如文本语义分析计算、机器翻译等）、知识图谱（如实体标注、知识问答等）、大数据智能分析（如舆情分析、智能推荐）、图像 / 语音 / 人脸识别和合成等方面的智能 API 服务和行业应用场景 / 解决方案。还有一些学术知识服务系统，如 Web of Science、Scopus、PubMed 等，也提供了相应 API。这些 API，有免费使用的，也有需要注册、认证和付费使用的，但大多是 RESTful API，非常易于跨平台调用或嵌入第三方 Web 服务系统。因而，RESTful API 已成为当前几乎所有 Web 服务及 Web API 应用的基础标配和最佳实践之一。

7.3.2 基于 RESTful API 的自动服务应用策略设计

综上研究，本书提出了基于 RESTful API 的轻量级领域本体自动服务应用方法。核心思想是希望能够借助 RESTful API 的设计原则和规范，将利用轻量级领域本体模型所实现的语义标引、分析、计算等不同业务功能封装为一系列相互独立的基于 HTTP+JSON 的轻量级 Web API，以方便和支持第三方 Web 应用程序系统通过 HttpClient 即可实现快速调用。并且由于不同 API 之间是相互独立的，任意一个 API 服务若出现问题，不会影响到其他功能的交互，因而管理和维护起来也将非常方便。目前也已有很多可用于创建 RESTful API 的开源工具框架，如基于

Python 的 Flask、Django、Web2py 等，基于 Java 的 Dropwizard、Jersey、RESTEasy、Spark、Swagger 等，基于 JS 的 NodeJS、AngularJS、VueJS 等。本书将采用应用比较广泛的 Python + Flask 框架实现轻量级领域本体自动服务应用的 RESTful API。Flask[232] 是一个当前在 Python 中十分流行的轻量级 Web 应用框架，又常被称为微框架（Microframework）。一方面的“微”是指 Flask 可以将整个 Web 功能应用都集成在一个或多个 Python 脚本中，一键快速生成 HTTP 服务或 Web 网站系统；另一方面的“微”是指 Flask 的核心架构比较简单，并不直接提供数据库抽象层、模板引擎对象、表单验证等功能，但具有极强的灵活性、扩展性与兼容性，支持与各种数据库和功能组件进行自由调配和整合集成。服务应用的具体实现过程如下：

（1）首先，在 Python 的集成开发环境 Anaconda3 中创建 Flask 的虚拟运行环境 flask_env。使用 Activate 命令激活该虚拟运行环境，然后使用 pip 命令下载和安装 Flask，并需要安装一些 Flask 的依赖包，如 Werkzeug（Python 的 Web 服务器网关接口 WSGI）、Jinja（模板引擎/语言，用于渲染 HTML 页面）、Click（命令行应用框架）等。

（2）其次，基于 Python 和 Flask 进行程序设计：①在 Python 脚本中引入 Flask 类，创建类的应用实例 app。Python 的 Web 服务器使用 WSGI 接口协议，从客户端接收到的请求都将分发给这个 app 来处理。②使用 app 的路由器将要提供相应功能服务的主视图函数注册为路由，并设定相关联的 URL 路径名称及 HTTP 动作类型（可注册多个，一个功能服务即可注册一个路由，并对应一个 URL 路径和一个 HTTP 动作）。如 @app.route('/<服务名称>/<参数>', methods=['POST'])。③实现上述主视图函数，将利用轻量级领域本体模型实现的语义标引、分析、计算等相关功能封装在该函数中，通过接收和解析客户端请求参数（一般为 String 或 JSON 序列化对象，单个参数可使用 String，多个参数必须封装为 JSON）来调用和执行相关算法，并将执行结果仍封装为 JSON 对象返回。此外，在脚本的 main 方法中，可为 RESTful API 设置主机地址（host，默认为 127.0.0.1）和端口号（port，默认为 5000）。最后通过在 Click 命令行中执行 flask run 相关命令即可启动、控制该服务器，并以 http://127.0.0.1:5000 作为基地址提供服务。特定服务的完整访问地址为该基地址 + 上述预先设定的 URL 路径名称。

（3）目前预计利用轻量级领域本体模型可直接实现的 RESTful API 服务有：领域文本语义元数据的自动生成、领域概念及命名实体的自动识别抽取、领域文本主题相关度的自动判别计算、领域文本主题的自动分类标引等。此外，还可以利用轻量级领域本体框架自身的语义关系，提供一些针对领域概念术语的语义扩展服务，如上位词、同义词、相关词的查询和获取 API 服务等，可用于增强和改善领域知识引擎的搜索和理解能力。后期也可考虑将轻量级领域本体作为核心数据模型，允许本地 / 远程仓储系统按实际需求个性化定制相关 API，以支持领域数据的深度组织集成和关联发现等。

7.4　实证：以资源环境领域为例

本章的实证环节将紧接着本书前第 4~6 章的实验环节进行，仍以资源环境领域为例，目的在于将前面章节依次获取到的资源环境领域的领域本体概念术语、分类关系、非分类关系进行整合、集成和灵活存储，并基于该结果快速提供服务应用。经前期研究与实验，自动构建的轻量级资源环境领域本体深度共有 2 级，11 个 1 级类目（如 5.4 小节的表 5.3 所示），每个 1 级类目下都有数量不等的 2 级类目（10 个以内），共有 95 个 2 级类目；共包含资源环境领域概念术语（包括一定量的命名实体）501755 个，每个概念术语都已按主题相关程度与距离亲疏程度自动划分到 1 个或多个类目下；并且每个概念术语都已自动识别出其深层语义关系，上下位关系，即上位概念词、下位概念词，同义关系，即同义概念词，相关关系，即相关概念词，都取的自动识别结果的 TOP5（见 6.5 小节）。以下实验部分都是基于上述实验结果与数据承上启下进行。

7.4.1 自动存储表示实证

本小节的基本实验环境为 ThinkStation P720 塔式工作站，24GB GPU 专业图形化处理器，64 位 Linux 操作系统，64GB CPU 内存。实验用到的基本工具包有 Anaconda3、Python3.7、MySQL5.5、Neo4j3.5.12、Jena3.13、Java8、Navicat12（数据库图形化设计和管理工具）。实验的关键内容如下。

（1）基于 MySQL 的轻量级领域本体基本类目结构和概念术语的存储结构设计。整体设计如表 7.1 所示，主要包含两个相互关联的数据表，类目层次结构表 ontology_ classifications（如表 a 所示）和概念术语结构表 ontology_terms（如表 b 所示）。其中 CLASS_CODE 主要使用英文字母和数字来设计实现，一级类目的编码一般为英文字母，其余子类的唯一编码应由先继承父类编码，然后加上该子类的位置顺序形成。如父类编码为 A，则父类的第一个子类的编码一般为 A01，第二个为 A02，（子类超过 99 个，可使用 4 位编码 A001，同理可扩展为 5 位），依次扩展，直至所有类目编码完成。一级类目的 CLASS_LEVEL 为 1，其他依次递增。一级类目的 CLASS_PID 为 0，其他为其所属的上一级类目的 CLASS_ID。OWNING_CLASS 表示概念术语所属的本体类目的 ID，允许为多值，即允许一个概念术语同时属于多个本体类目。HYPERNYMS/HYPONYMS、SYNONYMS、CORRELATIONS 分别为在非分类关系识别中获得的相应关系集合，也允许为多值。多值间一般使用特定分隔符如英文分号“；”或井号“#”分隔开。具体存储结果如图 7.2 所示（图 a 和图 b）。

表 7.1 基于 MySQL 的轻量级领域本体 RDB 存储结构

Table 7.1 RDB Storage Structure of Lightweight Domain Ontology based on MySQL

（a）轻量级领域本体的类目层次结构表

（a）Classification level Structure Table of Lightweight Domain Ontology

字段名称	字段含义	字段类型
ID	本体类目的ID	整型，int(11)，主键，自增
CLASS_CODE	本体类目的唯一编码	字符型，varchar(1000)
CLASS_NAME_CN	本体类目的中文规范名称	字符型，varchar(1000)

续表

字段名称	字段含义	字段类型
CLASS_NAME_EN	本体类目的英文规范名称	字符型，varchar(1000)
CLASS_LEVEL	所在本体的层级	整型，int(11)
CLASS_PID	当前类目的父类目ID	整型，int(11)

（b）轻量级领域本体、领域本体的概念术语结构表

（b）Concept & Term Structure Table of Lightweight Domain Ontology

字段名称	字段含义	字段类型
ID	概念术语的ID	整型，int(11)，主键，自增
TERM_NAME_CN	概念术语的中文规范名称	字符型，varchar(1000)
TERM_NAME_EN	概念术语的英文规范名称	字符型，varchar(1000)
OWNING_CLASSES	所属本体类目的ID	整型，外键，取自类目表的ID
HYPERNYMS	概念术语的上位词集合	文本型，text
HYPONYMS	概念术语的下位词集合	文本型，text
SYNONYMS	概念术语的同义词集合	文本型，text
CORRELATIONS	概念术语的相关词集合	文本型，text

0　100　过滤

Id	CLASS_CODE	CLASS_NAME_CN	CLASS_NAME_EN	CLASS_LEVEL	CLASS_PID
1	A	农业科学	AGRICULTURE	1	0
2	B	大气科学	ATMOSPHERE	1	0
3	C	地质学	GEOLOGY	1	0
4	D	地球物理学	GEOPHYSICS	1	0
5	E	水文学	HYDROLOGY	1	0
6	F	海洋学	OCEANOGRAPHY	1	0
7	G	地理学	GEOGRAPHY	1	0
8	H	生物学	BIOLOGY	1	0
9	I	环境科学	ENVIRONMENTAL SCIENCE	1	0
10	J	资源科学	RESOURCE SCIENCE	1	0
11	K	社会科学	SOCIOLOGY	1	0
12	A01	农业化学	AGRICULTURAL CHEMICALS	2	1
13	A02	农业工程	AGRICULTURAL ENGINEERING	2	1
14	A03	农业植物科学	AGRICULTURAL PLANT SCIENCE	2	1
15	A04	林业科学	FOREST SCIENCE	2	1
16	A05	土壤学	SOILS	2	1
17	A06	农业科学其他学科	OTHER DISCIPLINES OF AGRICULTURE	2	1
18	B01	大气物理学	ATMOSPHERIC PHYSICS	2	2
19	B02	大气化学	ATMOSPHERIC CHEMISTRY	2	2
20	B03	大气探测	ATMOSPHERIC SOUNDING	2	2

（a）轻量级领域本体的类目层次存储结果示例

（a）Classification Level Storage of Lightweight Domain Ontology in MYSQL

Id	TERM_NAME_CN	TERM_NAME_EN	OWNING_CLASSES	HYPERNYMS	HYPONYMS	SYNONYMS	CORRELATIONS
1	气候变化	climate change	2;9	全球变化	气候变冷;全球变暖	全球气候变化;气	低碳经济;温室气体排放;京都议定书;碳排放;节能减排;低碳发展
2	数值模拟	numerical simulation	2;3;4;6;7;8	数学模拟	三维数值模拟;湍流	数字模拟;数值拟	温度分布;温度场;CFD;有限元分析;数值方法;流体流动;
3	水资源	water resource	5;7;9;10	地球水圈	淡水;咸水;海水;冰川	—	水资源管理;水资源开发;水资源利用;水资源保护;水利管理;节约
4	人类活动	human activity	7;11	—	—	社会活动;生态活	气候变化;径流量;土地利用;地理环境;资源利用;全新世;古人类活
5	重金属	heavy metals	3	—	铜;铅;锌;锡;锑;钴;镍	稀土金属;难熔金	重有色金属;重金属污染;无机污染物;重金属离子;重金属含量;重
6	地球化学	geochemistry	3	地球科学	元素地球化学;有机	—	地球化学特征;火成岩;火山岩;酸性岩;稀土元素;烃源岩;地质作用
7	温室气体	greenhouse gases	2;9	地球大气	水蒸气;二氧化碳;甲	—	温室气体排放;气候变化;气候变动;温室气体减排;不发达国家;低
8	青藏高原	Qinghai-Tibet Plateau	2;3;6;9	亚洲内陆高原	藏北高原;藏南谷地	青康藏高原;世界	青藏现代强烈隆起区;气候变化;气候变动;青藏高原地区;青海高
9	气候变暖	climate warming	2;9	气候变化;全球变化	—	全球变暖;全球气	气候变化;气候变动;低碳经济;气温变化;不发达国家;应对气候变
10	土地利用	land use	1;10	人类活动;经济活动	土地开垦;土地占有	土地使用	资源利用;农业用地;土地利用总体规划;土地利用变化;耕种用地;
11	全球变化	global change	2;9	地球系统科学	全球气候变化;全球	全球环境变化;地	气候变化;气候变动;全球变暖;不发达国家;陆地生态系统;可持续
12	全球变暖	global warming	2;9	全球变化;全球气候	—	全球气候变暖;全	气候变化;气候变动;温室气体;不发达国家;温室效应;大气保温效
13	沉积物	sediment	3;6	固体微粒;地质学	水系沉积物;海洋沉	沉淀物;淀积物	石英砂;重有色金属;沉积物样品;重金属;海底沉积物;分布特征;地
14	土壤有机碳	soil organic carbon	1;8;9	土壤有机质;土壤学	易分解有机碳;难分	—	有机碳含量;有机元素;SOC;土壤有机碳密度;农业用地;有机碳库;
15	土壤呼吸	soil respiration	1;8;9	土壤学	土壤微生物呼吸;土	—	呼吸速率;呼吸强度;土壤温度;土壤微生物;土壤成分;土壤有机碳;
16	火山岩	volcanic rock	3	地质学	火山熔岩;火山玻璃	喷出岩;岩浆岩;火	基性岩;玄武岩;地质年代;火山岩带;碎屑岩;地质特征;地质作用;中
17	小波分析	wavelet analysis	2;4;6	信号处理;图像处理	—	……	小波变换;故障诊断;小波系数;小波分解;振动信号;小波包;小波神
18	时空变化	spatiotemporal chang	1;2;5;7;9	----	时空分布;时空特征	时空演变	气候变化;GIS;NDVI;NPP;时空数据模型;MODIS
19	基因表达	gene expression	8	基因工程;遗传学	-----	-----	基因克隆;蛋白质;mRNA;DNA;细胞凋亡;蛋白表达;原核表达;cD
20	生物多样性	biodiversity	8	生物学	物种多样性;遗传多	-----	自然保护区;生态系统;种质资源;群落结构;禁伐禁猎区;多样性指

（b）轻量级领域本体的概念术语存储结果示例

（b）Concept & Term Storage of Lightweight Domain Ontology

图7.2　基于MySQL的轻量级领域本体RDB存储结果示例

Figure 7.2　Example of RDB Storage of Lightweight Domain Ontology based on MySQL

（2）基于 Neo4j 的轻量级领域本体大规模实例关系数据的存储结构设计。Neo4j 是 NoSQL 数据库，不需要预先设计关系表结构。下载、安装、配置和成功启动 Neo4j 服务后，首先需要通过调用 Neo4j Java API 在 Java 程序中创建用于轻量级领域本体大规模实例关系数据存储的图数据库实例 OntologyDB。然后就是为 OntologyDB 创建节点、为节点设置标签名称、添加属性，创建关系、为关系设置标签名称、添加属性等。整个过程的关键在于将轻量级领域本体的类目结构、概念术语、概念术语间的语义关系等分别正确映射和转换为图的节点、属性和关系。本书是将轻量级领域本体的类目映射为图的节点，本体类目的英文规范名称映射为节点的标签类型和名称，唯一编码、中文规范名称等映射为节点的属性。同理，概念术语也可以映射为图的节点，并将相应字段设置为节点名称和属性。映射和创建的图数据关系主要有：不同类目间的父子关系（PARENT/CHILDREN）、概念术语与类目间的从属分类关系（OWNING/OWNNER）、概念术语间的上下位关系（HYPERNYMS/HYPONYMS）、同义关系（SYNONYMS）、相关关系（CORRELATIONS）。并可为上述关系添加相应属性，如对关系的 ID、名称、描述、状态等。示例程序如图 7.3 所示。具体存储结果如图 7.4 所示。

```
//读取领域本体的类目名称作为节点标签类型
public enum Nodelabels implements Label {
  AGRICULTURE,SOILS,ATMOSPHERE,…;
}

//读取领域本体的语义关系类型作为节点关系标签类型
public enum NodeRelationships implements RelationshipType{
  PARENT,HYPERNYMS,SYNONYMS,…;
}

//创建领域本体的图数据库实例
File file = new File("home/databases/OntologyNeo4jDB");
GraphDatabaseFactory dbFactory = new GraphDatabaseFactory();
GraphDatabaseService db= dbFactory.newEmbeddedDatabase(file);

//将领域本体类目依次映射为节点
Node node1 = db.createNode(Nodelabels.AGRICULTURE);
Node node2= db.createNode(Nodelabels.SOILS);
…

//分别为每个节点添加属性
node1.setProperty("CLASS_ID", "1");
node1.setProperty("CLASS_CODE", "A");
node1.setProperty("CLASS_NAME_CN", "农业科学");
…

//创建两个节点间的关系，由node1指向node2，关系类型为PARENT
Relationship relationship1 =node1.createRelationshipTo(node2,NodeRelationships.PARENT);
…

//分别为每种关系添加属性
relationship1.setProperty("RELATION_ID","r1");
relationship1.setProperty("RELATION_NAME","PARENT");
…
```

图7.3 基于Neo4j的轻量级领域本体GDB存储过程示例

Figure 7.3 Example of GDB Stored of Lightweight Domain Ontology based on Neo4j

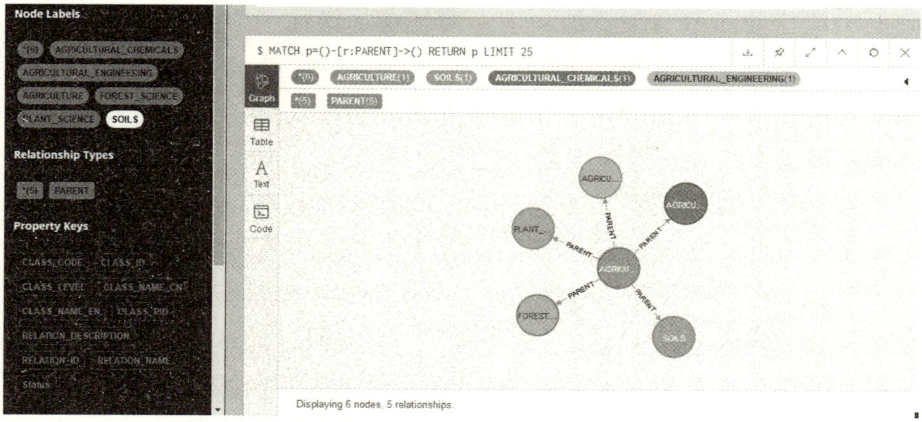

图7.4 基于Neo4j的轻量级领域本体GDB存储结果示例

Figure 7.4 Example of Lightweight Domain Ontology GDB Storage based on Neo4j

实验结果表明，基于 RDB 的轻量级领域本体存储表示模式具有极大的灵活性和可扩展性，可以确保当有新的本体类目 / 概念术语加入时，只需要按关联规则在两个表中分别添加记录即可，不需要更改原始数据结构，也不会对已有数据造成影响。并且由于 MySQL 的友好可操作性与直观可理解性，将非常方便领域本体的管理维护或转换为其他格式使用。而基于 GDB 的存储表示模式，虽然存储和查询过程相对比较复杂，但实质是一个将轻量级领域本体细粒度化、网络化分解构图的过程，有益于将轻量级领域本体的实例数据真正关联数据化、三元组化，从而支持基于图的各种遍历优化算法的语义查询和推理。同时，由于 GDB 的交互性能良好，更适合处理语义关系复杂的轻量级领域本体实例关系数据，且查询和读取数据的性能并不会随着数据规模的增加而大幅度衰减，目前也支持直接将查询结果导出为 CSV、JSON 等格式。因而，RDB、GDB 模式联合的轻量级领域存储表示方法将益于因时制宜、按需调配，在不同的服务应用中可根据不同功能需求来灵活选择具体从哪个存储库查询和获取相应领域本体数据。

7.4.2 自动服务应用实证

本节实验环境与 7.4.1 小节相同。实验用到的基本工具包在以前基础上（包括前面章节配置的深度学习环境）增加了 Flask 及 Flask 的一系列依赖包。实验的关键过程在于基于 Python 和 Flask 进行编程，首先利用轻量级领域本体实现相关服务需求的算法功能，接着将其封装为 Python 脚本中的一个视图函数，最后利用 Flask 将函数注册为路由，并生成和公开为基于 HTTP+JSON 的 RESTful API 服务。除轻量级领域本体模型本身外，利用 Flask 还可以将轻量级领域本体构建过程中形成的一系列相关程序和模型，如领域文本分词和预处理模型（第 3 章）、轻量级领域本体概念抽取模型（第 4 章）、轻量级领域本体分类关系识别模型（第 5 章）、轻量级领域本体非分类关系识别模型（第 6 章）等也以同样的方法过程封装和生成为 RESTful API。以领域文本自动主题分类标引为例，RESTful API 的服务端生成过程如图 7.5 所示，基于 Java 的客户端调用过程如图 7.6 所示。同时，由于服务端本身是基于 Python

脚本生成，因而客户端使用 Python 来调用将更简单，如图 7.7 所示。对客户端调用提供的输入和输出参数如表 7.2 所示，输出结果示例如图 7.8 所示。输出结果中，除了分类结果标签外，还有评分（相似度），可保留到小数点后 16 位。一般输出评分最高的分类，也可以通过修改模型设置，输出评分最高的 TopN 分类。

```
@app.route('/CLASS', methods=['POST'])
@as_json
def encode_query():
    data = request.form if request.form else request.json
    try:
        logger.info('new request from %s' % request.remote_addr)
        print(data)
        return {'id': data['id'],
                'result': bc.encode(data['content'], is_tokenized=bool(
                    data['is_tokenized']) if 'is_tokenized' in data else False)}

    except Exception as e:
        logger.error('error when handling HTTP request', exc_info=True)
        raise JsonError(description=str(e), type=str(type(e).__name__))
```

图7.5　基于Flask的领域文本分类RESTful API服务端生成过程示例

Figure 7.5　Example of RESTful API Server Generation Process for Domain Text Classification based on Flask

```
//领域文本主题分类服务的RESTful API服务访问地址
String apiURL = "http://127.0.0.1:8126/CLASS";

//将请求参数封装为json对象
JSONObject jsonRequest = new JSONObject();
jsonRequest.put("id", "1");
jsonRequest.put("title", "北极海冰消融或加速病原菌传播");
jsonRequest.put("content", "英国自然科研旗下《科学报告》杂志近日发表一项生物学研究指出...");
jsonRequest.put("is_tokenized", "false");

HttpClient client = new HttpClient();
PostMethod postMethod = new PostMethod(apiURL);
postMethod.setRequestHeader("Content-Type","application/json");
postMethod.getParams().setParameter(HttpMethodParams.HTTP_CONTENT_CHARSET,"utf-8");
postMethod.setRequestBody(jsonRequest.toString());
String jsonResponse="";
try {

    client.executeMethod(postMethod);
    jsonResponse = new String(postMethod.getResponseBodyAsString());
    postMethod.releaseConnection();

    //获取API返回结果的json对象
    JSONObject jo = JSONObject.fromObject(jsonResponse);

    //从返回结果中解析出分类结果所在的json数组
    JSONArray classResult = jo.getJSONArray("result");

    //打印分类结果数组
    System.out.println("classResult:"+classResult);

} catch (HttpException e) {
    e.printStackTrace();
} catch (IOException e) {
    e.printStackTrace();
}
```

图7.6　基于Java的领域文本分类RESTful API客户端调用过程示例

Figure 7.6　Example of RESTful API Client Call Process for Domain Text Classification based on Java

```python
# -*- coding:utf-8 -*-
import time
from bert_base.client import BertClient

with BertClient(show_server_config=False, check_version=False, check_length=False, mode='CLASS') as bc:
    start_t = time.perf_counter()
    content = '英国自然科研旗下《科学报告》杂志近日发表一项生物学研究指出，气候变化造成的…'
    result = bc.encode([content])
    print('result:', result)
    print('time used:{}'.format(time.perf_counter() - start_t))
```

图7.7　基于Python的领域文本分类RESTful API客户端调用过程示例

Figure 7.7　Example of RESTful API Client Call Process for Domain Text Classification based on Python

表 7.2　领域文本分类 RESTful API 的输入与输出参数示例

Table 7.2　Examples of Input and Output Parameters of RESTful API for Domain Text Classification

<table>
<tr><th colspan="6">输入参数：JSONObject</th></tr>
<tr><td>参数名称</td><td>是否必选</td><td>参数类型</td><td colspan="3">参数描述</td></tr>
<tr><td>id</td><td>是</td><td>Int</td><td colspan="3">文本 id，文本标记</td></tr>
<tr><td>title</td><td>否</td><td>String</td><td colspan="3">文本标题，utf8 编码</td></tr>
<tr><td>content</td><td>是</td><td>String</td><td colspan="3">文本内容，utf8 编码</td></tr>
<tr><td>is_tokenized</td><td>否</td><td>Boolean</td><td colspan="3">是否分词，缺省为 false。如果为 true，则 content 应为分词的 list，如 [‘词汇 1’，‘词汇 2’，…]</td></tr>
<tr><th colspan="6">输出参数：JSONObject</th></tr>
<tr><td>参数名称</td><td>是否必选</td><td>参数类型</td><td colspan="3">参数描述</td></tr>
<tr><td>status</td><td>是</td><td>Int</td><td colspan="3">HTTP 状态码，200 表示成功，其他表示出错</td></tr>
<tr><td>id</td><td>是</td><td>Int</td><td colspan="3">文本 id，取自输入参数</td></tr>
<tr><td>title</td><td>否</td><td>String</td><td colspan="3">文本标题，取自输入参数，utf8 编码</td></tr>
<tr><td rowspan="4">result</td><td rowspan="4">是</td><td rowspan="4">JSONArray</td><td colspan="3">分类结果标签及评分，utf8 编码</td></tr>
<tr><td>参数名称</td><td>参数类型</td><td>参数描述</td></tr>
<tr><td>pred_label</td><td>String</td><td>类别标签名称</td></tr>
<tr><td>score</td><td>Double</td><td>分类评分</td></tr>
</table>

```
{
    "id": 1,
    "status": 200,
    "result": [
      {
        "pred_label": ["海洋学","环境海洋学"],
        "score": [0.9999004602432251,0.9999424219131472]
      }
    ]
}
```


图7.8 领域文本分类RESTful API的输出结果示例

Figure 7.8 Example Output of RESTful API for Domain Text Classification

以资源环境领域的一篇科技资讯为例，原文如图 7.9 所示。经本体模型自动分析计算后，为其自动分类标引的主题是：“海洋学 / 海洋气象学 / 极地科学；大气科学 / 气候学”。为其自动抽取标引的本体概念及与相关度计算结果如表 7.3 所示。

气候变暖或唤醒极地冻土里的致命病毒

发表日期：2020-03-16 来源： 打印 放大 缩小 【关闭】

图片来自网络

南北两极的冰天雪地，除了有美景和可爱动物，还是一个失落的古代世界：致命病毒、大量的汞和温室气体都冰封于此。

当人们的注意力集中在肆虐于多国的新冠病毒疫情时，另一场值得防范的危险也在悄悄积聚。2月9日，南极西摩岛监测到20.75℃的高温（目前世界气象组织已经开始对南极监测到的高温记录正式进行评估）。1月7日一篇发表在bioRxiv的论文则显示，美国科学家在青藏高原冰核样本中发现了古老病毒存在的证据，其中包含28种新病毒。

极地冰原就像来自遥远过去的时间胶囊，让人类有机会得以一窥被困在那里的生物体。但随着地球稳步进入更温暖的未来，极地的冰川冻土正面临着更大的融化风险，某些潜伏在冰层中的致命病菌，也许正伺机而动，待时机成熟时杀人类一个“回马枪”。

永久冻土并不“永久”

永久冻土主要存在于北半球，在那里它覆盖了大约四分之一的无冰土地，数千年来，这里的大部分土地都是由泥土、岩石和冰构成的胶结体，还有一些在深度冻结中保存下来的有机物。它覆盖了北极圈和北方森林之间的一大片地带，横跨阿拉斯加、加拿大、北欧和俄罗斯。南半球的冻土层较少，主要存在于南美洲的

图7.9 资源环境领域的一篇科技资讯示例

Figure 7.9 Example of Technology News in the Field of Resources and Environment

表 7.3　资源环境领域科技资讯概念标引与主题相关度计算示例

Table 7.3　Examples of Technology News Concept Indexing and Topic Relevance Calculation in the Field of Resources and Environment

ID	本体概念词	原文词汇	主题相关度
1	永冻层	永久冻土层、永冻层	0.75
2	冻土	冻土	0.63
3	北极	北极	0.6
4	气候变暖	变暖、气候变暖	0.56
5	多年冻土	永久冻土	0.52
6	汞	汞	0.48
7	温室气体	温室气体	0.48
8	极地	极地	0.4
9	全球变暖	全球气候变暖、全球变暖	0.37
10	碳	碳	0.37
11	海冰	海冰	0.37
12	融水	融水	0.37
13	封冻	冰封	0.33
14	冰川	冰川	0.33
15	冰	冰	0.33
16	北太平洋	北太平洋	0.33
17	有机物	有机物	0.33
18	地球	地球	0.33
19	冻土层	冻土层	0.33
20	冰层	冰层	0.33
21	高温	高温	0.33
22	土	土壤	0.33
23	海洋	海洋	0.33
24	植物	植物	0.33
25	二氧化碳	二氧化碳	0.33

续表

ID	本体概念词	原文词汇	主题相关度
26	南极	南极	0.33
27	土地	土地	0.33
28	风险	风险	0.33
29	来源	源	0.29
30	湖泊	湖泊	0.29
31	北极海冰	北极海冰	0.29
32	洞穴	洞穴	0.29
33	微生物	微生物	0.29
34	威胁	威胁	0.29
35	汞含量	汞含量	0.29
36	环境	环境	0.29
37	冰核	冰核	0.29
38	胶囊	胶囊	0.29
39	生物	生物	0.29

实验结果表明，基于 RESTful API 的轻量级领域本体自动服务应用方法简洁高效，灵活性和可扩展性强。对客户端来说，第三方用户只需要提供待分析的文本数据和一些简单参数信息，就可通过 API 获得相应的处理结果，而无须关注和了解其具体实现过程。而且 RESTful API 几乎是跨平台的，支持几乎所有主流的编程语言，支持通过 Curl 命令行工作模式或浏览器直接访问模式即可快速实现远程调用和查看处理结果。对服务端来说，可以把重心转移到相应功能模型的训练和优化上，以支持快速迭代更新已有服务内容或扩展增加新服务类型，而不用耗费时间考虑 API 的构建和实现过程，因而通过 Flask 等轻量级 Web 服务应用框架，即可快速将相应算法模型封装和生成为 RESTful API，并支持自由配置服务器主机地址、服务端口等，提供端到端的所见即所得服务。

7.5 本章小结

随着自然语言处理和深度学习技术的不断发展推进，领域本体的数据规模越来越庞大，内容结构关系越来越复杂，传统的领域本体存储表示方式已难以适应如今规模化的、对灵活性、可扩展性、可互操作性要求极高的轻量级领域本体构建需求，因而亟须谋求新模式下轻量级领域本体的自动存储表示与服务应用方法和策略，以快速有效地支撑实际的知识服务应用需求。本章着重研究分析了深度学习模式下轻量级领域本体自动存储表示和服务应用的核心方法和关键策略，设计和提出了 RDB 与 GDB 模式相结合的轻量级领域本体自动存储表示方法，基于 RESTful API 的轻量级领域本体自动服务应用方法，并进行实验应用研究。具体研究内容有：对代表性的领域本体自动存储表示模式的核心方法和关键技术进行了总结分析，设计和提出了 RDB 与 GDB 模式相结合的轻量级领域本体存储表示方法；对代表性的领域本体自动服务应用模式的核心方法和关键技术进行总结分析，设计和提出了基于 RESTful API 模式的轻量级领域本体自动服务应用方法；轻量级领域本体自动存储表示与服务应用的实证，分别设计实施了轻量级领域本体自动存储与服务应用的实验，并对实验结果进行了评估分析。本章的完结意味着本研究基本实现了轻量级领域本体从自动获取构建到自动存储表示到自动提供服务应用的全谱段的、接近于全生命周期的自动化流程，将对未来的深入扩展研究和在生产环境的工程化复用奠定良好基础。

第8章

总结与展望

8.1 研究工作总结

由于领域本体是一个大而泛的抽象理论体系，不同领域本体的类型规模、内容结构、功能架构、服务对象和应用场景等不尽相同且复杂多样，为了使研究内容更聚焦，本书将研究对象定位于轻量级领域本体，并对其内容架构特征和应用场景预先界定如下：具有明确的类目结构，包含一至两层的领域主题分类体系；每个类目下应具有一定量能够表征其所在类目领域主题特征分布的领域概念术语集合；领域概念术语间除了具有从属于某一个类目的分类关系外，应具有一些核心的非分类语义关系，如上下位关系、同义关系和相关关系等。主要面向特定主题、课题任务、项目应用等，能够动态、快速生成与提供服务，如支持领域文本主题相关度自动判别计算、领域概念/命名实体自动识别抽取、领域文本主题自动分类标引等。主要研究内容有以下方面。

（1）系统地调研和分析总结了深度学习的核心理论技术与研究发展态势。

深度学习并不是单指某一个学习方法，而是一整套、一系列“旨在通过创造和使用各种深度神经网络算法模型使得机器具有自主完成特征工程能力”的理论方法体系和技术应用模式。为了对深度学习能有一个更加全面的、系统的、深入的认知和把握，并为进一步研究奠定可靠的理论方法和技术应用基础，本书在第 2 章首先系统地调研梳理了深度学习的产生背景和发展现状，并对比分析了深度学习与一般人工智能方法的区别和联系。在此基础上，着重对深度学习的代表性特征学习算法模型、主流开源工具框架、与领域本体构建相关的研究案例分别进行了深入调研分析和归纳总结。最后慎重思考和总结分析了当前深度学习可能面临的挑战及问题，并提出了两种拓展深度学习应用能力的方法，包括面向特定领域的方法和面向特征工程的方法。

（2）深入地研究和探索了多源异构深度学习领域语料自动获取与预处理的通用方法流程。

语料数据集是深度学习相关任务的初始化输入数据类型，是机器自动化、智能化学习任务中首先的一环，其质量好坏也将决定着深度学习结果的好坏，因而也是轻量级领域本体自动构建研究必须预先准备好的基础知识资源。为了给进一步研究和试验提供可靠的数据集及奠定良好的数据处理技术基础，本书在第 3 章首先系统地分析和提出了领域本体深度学习语料自动获取与预处理的研究框架。其次着重研究和提出了多源异构深度学习领域语料的自动获取方法，包括基于 Web API 的半结构化科学文献领域语料、基于 Web Spider 的半结构化网络开放领域语料、基于特定访问下载的专用领域语料的自动获取等；主要设计和提出了基于汉语主题词表和领域语料构建领域基础知识词典的核心方法与流程；重点对主流开源分词工具进行了安装测试与性能对比评估，提出了基于多策略混合的领域文本自动分词与新词发现方法。

（3）分层次立体化地研究和提出了支持轻量级领域本体自动构建的一系列深度学习方法和模型。

深度学习具有强大的从样本数据中自动学习数据本质特征并组合低层特征形成更加稠密的高层语义特征的能力，因而不需要人工参与特征选取，借助它机器可以自动地学习到样本对象的特征。以此为认知基础，再结合本体论的相关知识，本书将轻量级领域本体自动构建研究需要着重解决的问题立体化地分解为三个由浅入深、循序渐进的层次：轻量级领域本体概念的自动获取、轻量级领域本体分类关系的自动识别、轻量级领域本体非分类关系的自动识别，将研究问题从根本上演变为如何采用深度学习的方法从领域非结构化数据集中自动地依次学习和获取到每个层次的核心要素，并实现其关键过程。因而，本书第 4 章旨在研究并打通基于深度学习的轻量级领域本体概念自动获取的核心方法和流程，主要以 Word2Vec 无监督的学习方法和端到端的识别模式为理论技术基础，着重研究构建了基于自注意力机制的 BLSTM-CRF 轻量级领域本体概念自动抽取模型，并进行了实验验证与评估分析。第 5 章，旨在研究并打通基于深度学习的轻量级领域本体分类关系自动识别的核心方法和流程，主要通过对深度学习文本分类的关键技术进行剖析，以当前先进的深度学习模型 BERT 和 XLNet 为基础，分别研究构建了基于 BERT 和 XLNet 的轻量级领域本体分类关系自动识别模型，并进行实验验证与评估分析。第 6 章，旨在研究并打通基于深度学习的轻量级领域本体非分类关系自动识别的核心方法和流程，主要通过对轻量级领域本体非分类关系的定义与研究内容进行分析界定，将传统主流方法与深度学习方法有机结合起来，着重研究和提出了基于投影学习的轻量级领域本体上下位关系识别模型，基于改进 CBOW 词嵌入的轻量级领域本体同义关系识别模型，基于 GloVe 词嵌入的轻量级领域本体相关关系识别模型，并分别进行了实验验证与评估分析。

（4）以快速提供知识服务为导向地研究和设计了多模式混合的轻量级领域本体自动存储表示和服务应用的实用方法策略。

大数据环境下领域本体的数据规模越来越庞大，内容结构关系越来越复杂，传统的领域本体存储表示方式已难以适应如今规模化的、对灵活性、可扩展性、可互操作性要求极高的轻量级领域本体构建需求，因而亟须谋求新模式下轻量级领域本体的自动存储表示与服务应用方法和策略，以快速有效地支撑实际的知识服务应用需求。本书第 7 章旨在研究探索深度学习模式下轻量级领域本体自动存储表示和服务应用的核心方法和关键策略，着重研究和设计提出了 RDB 和 GDB 模式相结合的轻量级领域本体自动存储表示方法，基于 RESTful API 模式的轻量级领域本体自动服务应用策略，并以资源环境领域为例进行了实证研究。

8.2 研究的创新点

主要创新点有两个：其一，在理论价值上，研究并打通了基于深度学习的轻量级领域本体自动构建的方法流程，设计和提出了一系列经试验验证的、可靠的、可复用、可扩展的支持轻量级领域本体自动化构建的深度学习方法和模型，丰富和拓展了领域本体构建相关的方法理论体系，为轻量级领域本体的自动化构建提供了创新的方法论支撑。其二，在实践价值上，为轻量级领域本体的自动生成和快速有效投入服务应用提供了创新的实现路径和技术工具支撑，形成一种更加符合大数据环境下基于多源异构领域数据开展自动化、精准化知识服务所需求的轻量级领域本体构建模式。具体体现在以下三个方面：

（1）设计了基于 BLSTM-CRF 和自注意力机制的领域概念自动抽取的深度学习模型，提高了领域概念自动识别和抽取的准确率和健壮性。

体现点：基于 IOB 格式的术语分类标注语料和领域特征词嵌入构建输入层，基于 BLSTM 深度神经网络算法和自注意力机制构建隐藏层，基于条件随机场和动态规划算法 CRF-Viterbi 构建输出层，以构建和训练轻量级领域本体概念术语自动抽取模型的核心方法和流程。使用 BLSTM 能更有效地捕获和利用长文本序列中的上下文依赖信息，以学习和挖掘到更完整的领域隐含语义特征；使用 CRF-Viterbi 解码能够处理原来 BLSTM 难以解决的不同分类标签之间的复杂依赖关系；使用自注意力机制可在隐藏层进行特征捕获计算时为具有重要词性的概念术语赋予较高的权重系数，从而使模型的注意力集中在更为关键的特征上，降低了无关特征的干扰作用；总体上，拓展了领域本体概念自动获取的实现路径，提高了领域概念术语抽取的准确率，对领域新概念术语的识别具有一定的健壮性。

（2）构建了基于 BERT 和 XLNet 的轻量级领域本体分类关系自动识别的深度学习模型，提高了分类关系识别的性能和准确率。

体现点：使用 BERT 的遮蔽语言模型、变压器—注意力架构和句子级的负采样及表示模式构建的深度学习算法网络可以无视方向和距离捕获到更为深层的双向的领域上下文特征；同时其多头注意力机制支持将领域文本中每个单词的词嵌入再切分成多个维度分别进行特征捕获和计算，使得每一维都可以学习到不同的语义特征，学习结果更加合理和细化；将 XLNet 的分段递归机制和相对位置编码方案集成到分类模型的预训练过程中，提升了对领域长文本序列任务的建模性能；总体上拓展了领域本体分类关系识别的方法路径；利用领域分类标注数据扩展和泛化了 BERT 和 XLNet 模型，提升了分类识别的性能和准确率。

（3）基于投影学习算法、改进 CBOW 和 Glove 词嵌入模型，分别建立了领域概念上下位关系、同义关系和相关关系等非分类关系自动识别的深度学习模型，提高了非分类关系识别的准确率。

体现点：提出了基于扩展 Hearst 模式和投影学习相结合的领域本体上下位关系识别的核心技术路线和方法流程；基于领域词典和改进 CBOW 词嵌入的领域本体同义关系识别的核心技术路线和方法流程；基于特征编码编辑距离和 GloVe 词嵌入相结合的领域本体同义关系识别的核心技术路线和方法流程。总体上拓展了轻量级领域本体非分类关系识别的方法路径；将深度学习方法和传统主流方法有机结合起来，提升了非分类关系识别的准确率。

8.3 未来研究计划

受前期硬软件资源条件、个人能力、技术水平、研究时间等不可抗力因素制约，本书的研究工作仍然存在些许局限性及不足之处，未来可能将考虑从相关薄弱环节入手进行深入扩展研究，具体研究计划如下：

（1）领域高质量深度学习标注语料集的进一步形成和完善。

只是经过分词等预处理的无监督领域语料集只适合进行大而泛的领域词嵌入模型的训练和生成，只能作为基础词典使用。要支持更为复杂的语义分析，则需要准备更为精准的细分的有监督领域标注语料集。如领域本体概念抽取，需要类似 IOB 格式的领域术语标注语料；如领域本体分类关系识别，需要以（领域类别标签，领域文本）组成的分类对格式的领域分类标注语料；如领域本体上下位关系识别，需要（领域概念词，上位词集合）组成的关系对格式的领域关系标注语料；如领域本体同义关系识别，同时需要（领域概念词，同义词集合）和（领域概念词，反义词集合）组成的关系对格式的领域关系标注语料等。因而，不同深度学习任务场景所依赖的语料集格式差别很大，需根据具体任务需求形成和准备一个大数据量的、高质量的领域标注语料集。所谓的高质量即领域文本序列对应的类别 / 关系标签是否标注准确，标注准确的、更加符合真实业务场景的有效样本越多，深度学习模型训练和最终预测应用的效果将会越好，反之，将越差。本书前期只是借助机器程序按预设的匹配和映射原则批量自动生成了领域标注语料集，并未能经过人工查验和修正，标注的准确性难以保证，也是导致模型的精度难以达到峰值的一个重要原因。未来可考虑采用多人重复标注或投票标注机制，最后选择标注次数或投票次数最多的类别来作为认可度最高的最终标记类别，用以控制语料集的质量。同时需要长期积累，不断扩充和完善，建立一定的标注标准和规范，以建设和形成覆盖面更大的、格式更丰富的、适合多种深度学习模型灵活调用的领域高质量深度学习标注语料库。

（2）相关深度学习方法模型的进一步优化和改进。

如领域本体概念术语抽取模型、领域本体分类关系识别模型、领域本体非分类关系识别的系列方法和模型等，目前这些模型的精度和性能都并未达到峰值，还有很大的提升空间。基于深度学习构建的方法模型当前存在的最大问题就是公式复杂，参数繁多，精度难调，可解释性差。这意味着不同的计算方法和训练参数具体该如何调整，如何取值，单凭一次或少量实验或借鉴前人研究并不可靠，需要进行更多次的动态加权 / 减权调参实验和评估分析对比才能获得，如领域词嵌入的维度、算法网络隐藏层的大小、负采样的方法和个数、Dropout 的比率、初始化学习的速率、模型训练优化的方法、模型求解的方法等。此外，再加上专业的深度学习服务器价格十分昂贵，而普通的计算机受 GPU、TPU 等硬件性能的制约，很多参数也并未能调到已知的最高值，如基于 BERT 的分类模型训练时的单次读取的最大序列长度，BERT 最高可支持到 512，但普通 GPU 最多只能调整到 256，并且随着训练语料的增加，这个数值还只能降低，否则会造成内存溢出和死机。未来应考虑将相关模型转移到高性能计算服务器上进行预训练与精调。同时，随着人工智能和深度学习的白热化发展，机器学习模型所依赖的原始数据集越来越庞大，训练和优化时间越来越长久，需要消耗的硬件资源、电力能源和二氧化碳的排放量越来越多，机器学习已被相关研究者指责为："已成为全球变暖的重要诱因和碳排放的重要来源之一。"2019 年 6 月，美国马萨诸塞大学的 Emma Strubell 等通过量化近似的财务和环境成本以训练最近在 NLP 领域获得成功的神经网络模型后指出，实现一个基于深度学习的神经结构高级搜索模型可能需要排放大约 284 吨二氧化碳[233]，该研究结果曾被多家科技媒体争相报道并引起热烈关注和争议。同年 10 月，Scott 等人在 *Nature Communications* 上发文表明，在预测海平面上升风险时，使用神经网络模型 CoastalDEM 虽然会带来相对高的碳负债，但其预测结果比传统模型 SRTM 要准确很多，仅少量几次的预测得到的沿海海拔静态数据集已能够应用于全球范围内的气候政策和行动计划制定[234]。同年 11 月，美国 TFIE 战略公司的清洁能源专家 Michael Barnard 通过对多项相关研究进行评估后认为，机器学习模型具有很高的复用价值，其对气候变化的贡献将远远超过碳负债本身，好的机器学习模型应能从根本上改变碳排放[235]。对于我们而言，技术发展与环境保护必须同等考虑，应当重视这些问题和影响，未来在进行相关模型训练时，应提出更加合理简洁的方法和算法，应考虑到实际的训练执行次数、最终的应用目标和场景、尝试对模型进行压缩和精炼等，并不能忽视它。

（3）轻量级领域本体自动构建和应用的深度学习集成化工具平台建设。

本书前期在支持轻量级领域本体的自动构建方面，是通过分层次、分步骤的方式依次研究和提出了一系列核心方法和模型，并分别进行了试验应用；在支持轻量级领域本体的自动存储表示与服务应用方面，是将前面每一环节得到的试验结果从数据层面集成起来，面向 RDB 及 GDB 库进行存储，然后将存储库或每一阶段的模型本身直接封装为

RESTful API 以提供服务。虽然每一步都是自动的，但仍属于有间断的，不流畅的服务模式。未来应考虑将各个阶段的算法模型以工作流的形式，按先后顺序组装和整合在一起，形成一个一体化、一站式的支持轻量级领域本体自动构建和服务应用的深度学习集成化工具平台，以提供更加便捷化、集成化的服务。

参考文献

[1] 张晓林 . 颠覆性变革与后图书馆时代——推动知识服务的供给侧结构性改革 [J]. 中国图书馆学报，2018，44 (1)：4–16.
[2] 刘柏嵩 . 中文领域本体自动构建理论与应用研究 [M]. 杭州：浙江大学出版社，2014.
[3] WordNet – A Lexical Database for English[DB/OL]. [2018–12–26]. https://wordnet.princeton.edu/.
[4] DBpedia[DB/OL]. [2018–12–26]. https://wiki.dbpedia.org/.
[5] CYC: LOGICAL REASONING WITH THE WORLD'S LARGEST KNOWLEDGE BASE[DB/OL]. [2018–12–26]. http://www.cyc.com/.
[6] The FOAF Project[DB/OL]. [2018–12–26]. http://www.foaf–project.org/.
[7] HowNet Knowledge Database[DB/OL]. [2018–12–26]. http://www.keenage.com/.
[8] SKOS/Datasets[DB/OL]. [2018–12–26]. https://www.w3.org/2001/sw/wiki/SKOS/Datasets.
[9] Degtyarenko K, De Matos P, Ennis M, et al. ChEBI: a database and ontology for chemical entities of biological interest[J]. Nucleic Acids Research, 2008, (36): D344–D350.
[10] Gene Ontology Consortium[DB/OL]. [2018–12–26]. http://www.geneontology.org/.
[11] Semantic Web for Earth and Environment Technology Ontology[DB/OL]. [2018–12–26]. http://bioportal.bioontology.org/ontologies/SWEET/.
[12] 余倩 . 近年来领域本体的应用新进展 [J]. 图书馆建设，2008(8)：95–99.
[13] Protege – A free, open–source ontology editor and framework for building intelligent systems[DB/OL]. [2018–12–26]. https://protege.stanford.edu/.
[14] Cimiano P, Völker J. Text2Onto – A Framework for Ontology Learning and Data–driven Change Discovery[C].The 10th International Conference on Applications of Natural Language to Information Systems, Springer, 2005: 227–238.
[15] Domingue, J. Tadzebao and WebOnto: Discussing, Browsing, and Editing

Ontologies on the Web[EB/OL]. [1998-04-18]. [2018-12-26]. http://people.kmi.open.ac.uk/domingue/banff98-paper/domingue.html.

[16] Velardi P, Faralli S, Navigli R. OntoLearn Reloaded: A Graph-based Algorithm for Taxonomy Induction[J]. Computational Linguistics, 2013, 39(3): 665-707.

[17] Shamsfard M., Barforoush A.: An introduction to hasti: an ontology learning system[C]. Proceedings of the Iasted International Conference Artificial Intelligence and Soft Computing. Acta Press, Galgary, Canada, 2002.

[18] OWL[EB/OL]. [2018-12-26]. http://www.w3school.com.cn/rdf/rdf_owl.asp.

[19] RDF[EB/OL]. [2018-12-26]. http://www.w3school.com.cn/rdf/index.asp.

[20] Amal Zouaqac, Dragan Gasevicbc, Marek Hatala. Towards open ontology learning and filtering[J]. Information Systems， 2011, 36(7): 1064-1081.

[21] John Murphy. Deep Learning Frameworks: A Survey of TensorFlow, Torch, Theano, Caffe, Neon, and the IBM Machine Learning Stack[EB/OL], (2016-01-13) [2018-12-26]. https://www.microway.com/hpc-tech-tips/deep-learning-frameworks-survey-tensorflow-torch-theano-caffe-neon-ibm-machine-learning-stack/.

[22] Ruchir Puri. Deep Learning as a Service, IBM makes advanced AI more accessible for users everywhere[EB/OL]. (2018-03-20) [2018-12-26]. https://www.ibm.com/blogs/watson/2018/03/deep-learning-service-ibm-makes-advanced-ai-accessible-users-everywhere/

[23] 孙志军，薛磊，许阳明，等．深度学习研究综述 [J]. 计算机应用研究 ,2012,(8): 2806-2810.

[24] Rudolph Goclenius[EB/OL].[2018-12-26].https://en.wikipedia.org/wiki/Rudolph_Goclenius.

[25] Neches R, Fikes R E, Finin T, et al. Enabling Technology for Knowledge Sharing[J]. AI Magazine, 1991, 12(3): 37-56.

[26] Gruber T R. A translation approach to portable ontology specifications[J]. Knowledge Acquisition, 1993, 5(2): 199-220.

[27] Borst P, Akkermans H. An Ontology Approach to Product Disassembly[C].

Knowledge Acquisition, Modeling and Management. Lecture Notes in Computer Science, 1997, (1319): 33–48.

[28] 牟宇超，刘瑞．一种基于本体的数据共享服务模型 [J]. 软件导刊，2019, 18(11): 36–41.

[29] 舒万里．中文领域本体学习中概念和关系抽取的研究 [D]. 重庆：重庆大学，2012.

[30] 王晔．面向电网运行知识本体建模方法的研究与应用 [D]. 北京：华北电力大学，2014.

[31] 李景，孟宪学，苏晓路．领域本体的构建方法与应用研究 [M]. 北京：中国农业科学技术出版社，2009.

[32] 郑怿．Rails 框架与语义 Web 技术在 Web 开发中的研究与应用 [D]. 北京：华北电力大学，2009.

[33] Gruber TR.Toward principles for the design of ontologies used for knowledge sharing[J]. International Journal of Human–Computer Studies, 1995, 43(5–6): 907–928.

[34] Robin Cover. XOL – XML–Based Ontology Exchange Language[EB/OL]. (2002–01–23) [2018–12–26].http://xml.coverpages.org/xol.html.

[35] SHOE[EB/OL].[2018–12–26].http://www.cs.umd.edu/projects/plus/SHOE/.

[36] 石莲，孙吉贵．描述逻辑综述 [J]. 计算机科学，2006(1):194–197, 225.

[37] 田晓迪 .Ontolingua Server: 全球第一个本体服务器 [J]. 现代图书情报技术，2006(2): 21–25.

[38] 李景．主要本体表示语言的比较研究 [J]. 现代图书情报技术，2005(1): 1–4, 8.

[39] Ian Horrocks, Dieter Fensel, Jeen Broekstra, et al. The Ontology InferenceLayer OIL[EB/OL].(2000–08–12) [2018–12–26]. http://www.cs.man.ac.uk/~hor rocks/Publications/download/2000/oil.pdf.

[40] DAML – The DARPA Agent Markup Language[EB/OL]. [2018–12–26]. http://www.daml.org/.

[41] 田增平，王宇君，曲云尧，等．F–logic 语言表达能力的研究 [J]. 软件学报，1997(8): 561–568.

[42] 陈建 . 领域本体的创建和应用研究 [D]. 北京 : 对外经济贸易大学 , 2006.
[43] 郑艺 . 基于本体的学科交叉知识的组织与应用研究 [D]. 武汉 : 武汉大学 , 2015.
[44] 岳丽欣 , 刘文云 . 国内外领域本体构建方法的比较研究 [J]. 情报理论与实践 (ITA), 2016, 39(8): 119–125.
[45] 杜文华 . 本体的构建及其在数字图书馆中的应用研究 [D]. 武汉 : 武汉大学 , 2005.
[46] 张志刚 . 领域本体构建方法的研究与应用 [D]. 大连 : 大连海事大学 , 2008.
[47] 王雪 . 中文领域本体构建方法研究 [D]. 武汉 : 华中科技大学 , 2012.
[48] 贾秀玲 . 面向文本的本体学习中概念提取及关系提取的研究 [D]. 长沙 : 中南大学 , 2007.
[49] 王俊华 . 基于文本的半监督领域本体构建 [D]. 长春：吉林大学，2010
[50] 郭瑞 . 基于纯文本的领域本体构建与实现 [D]. 石家庄: 河北科技大学, 2016.
[51] 任飞亮 , 沈继坤 , 孙宾宾 , 等 . 从文本中构建领域本体技术综述 [J]. 计算机学报 , 2017(40): 1–27.
[52] Marek Wisniewski. Metamodel of Ontology Learning from Text[C]. Emergent Web Intelligence: Advanced Semantic Technologies. Advanced Information and Knowledge Processing. Springer, London, 2010: 245–276.
[53] 唐静 . 叙词表转换为 Ontology 的研究 [J]. 情报理论与实践 , 2004, 27(6): 642–645.
[54] 何燕 , 穗志方 , 李素建 , 等 . 基于专业术语词典的自动领域本体构造 [J]. 情报学报 , 2007(1): 65–70.
[55] 蔡盈芳 , 黄磊 . 航空领域本体构建研究 [J]. 情报学报 , 2010(2): 223–231.
[56] 张翔 , 苏晓龙 , 吴文辉 . 半结构化数据领域本体构建算法及实现 [J]. 计算机与信息技术 , 2011(Suppl1): 37–40, 44.

[57] 焦晓龙 . 基于 Web 数据表抽取的领域本体构建方法研究 [D]. 沈阳：东北大学 , 2012.

[58] 刘柏嵩 . 基于 Web 的通用本体学习研究 [D]. 杭州：浙江大学，2007.

[59] Alfonseca E, Castells P, Okumura M, et al. A Rote Extractor with Edit Distance–Based Generalisation and Multi–Corpora Precision Calculation[C]. COLING–ACL'06 Proceedings of the COLING/ACL Poster Session, 2006(7): 9–16.

[60] Kietz JU, Maedche A, Volz R. A Method for Semi–Automatic Ontology Acquisition from a Corporate Intranet[C].Proceedings of the 2nd Workshop on Learning Language in Logic and the 4th Conference on Computational Natural Language Learning–Vol,2000.

[61] Faatz A, Steinmetz R. Ontology enrichment with texts from the www[C].13th European Conference on Machine Learning, Helsinki, Finland, 2002 (2430): 20–34.

[62] 杨雪莉 . 语义网环境下基于 SKOS 的分类法本体化研究 [D]. 郑州：郑州大学 , 2012.

[63] 张继东 , 余以胜 . 利用叙词表构建本体的方法研究 [J]. 图书情报知识 , 2006(4): 82–85.

[64] 段瑞龙 , 宋文 . 国内外叙词表转换本体方法研究综述 [J]. 情报杂志 , 2012(7): 66–71.

[65] 卫荣娟 .《汉语主题词表》本体化的自动生成研究 [D]. 太原山西大学 , 2010.

[66] 付强 . 基于主题词表的医学领域本体的构建研究 [D]. 长春：吉林大学，2011.

[67] 李艳 , 贾君枝 . 轻型标签本体与受控词表的结合研究 [J]. 数字图书馆论坛 , 2014(8): 14–20.

[68] Chow IC, Webster JJ. Integration of Linguistic Resources for Verb Classification: FrameNet Frame, WordNet Verb and Suggested Upper Merged Ontology[C].Computational Linguistics and Intelligent Text Processing. Lecture Notes in Computer Science, Springer, Berlin,

Heidelberg, 2007(4394): 1–11.

[69] 段宇锋，黄思思．基于 BFO 构建中文植物物种多样性领域本体的研究 [J]. 现代图书情报技术，2015(12): 72–79.

[70] AGROVOC – Agricultural Information Management Standards (AIMS)[DB/OL]. [2018–12–26]. http://aims.fao.org/vest–registry/vocabularies/agrovoc.

[71] Piek Vossen. Introduction to EuroWordNet[J]. Computers and the Humanities, 1998, 32(2–3): 73–89.

[72] NCI Thesaurus OBO Edition[DB/OL]. [2018–12–28]. http://www.obofoundry.org/ontology/ncit.html

[73] 唐爱民，真溱，樊静．基于叙词表的领域本体构建研究 [J]. 现代图书情报技术，2005(4): 1–5.

[74] 张磊．基于叙词表和文献数据库的农业领域本体构建方法研究 [D]. 北京：中国农业科学院，2011.

[75] 司莉，陈雨雪，庄晓喆．基于主题词表的数字出版领域本体构建 [J]. 出版科学，2015(6):80–84.

[76] Philipp Cimiano，Johanna Völker. Text2Onto – A Framework for Ontology Learning and Data–driven Change Discovery[J]. Natural Language Processing and Information Systems, 2005: 227–238.

[77] Volz R, Oberle D, Staab S, et al. OntoLiFT Prototype – WonderWeb: ontology infrastructure for the Semantic Web[R], Technical report, WonderWeb Deliverable D11, 2003.

[78] Haggai Roitman, Avigdor Gal. OntoBuilder: Fully Automatic Extraction and Consolidation of Ontologies from Web Sources Using Sequence Semantics. Current Trends in Database Technology – EDBT 2006.Lecture Notes in Computer Science, Springer, Berlin, Heidelberg, 2006, (4254): 573–576.

[79] Delteil A,Faron–Zucker C, Dieng R. Learning Ontologies from RDF annotations[J].IJCAI’2001 Workshop on Ontology Learning, Proceedings of the Second Workshop on Ontology Learning OL’2001, Seattle, USA, August 4, 2001.

[80] Bosch Thomas, Mathiak Brigitte. How to accelerate the process of designing

domain ontologies based on XML schemas[J].International Journal of Metadata, Semantics and Ontologies, 2013, 8(3): 254–266.
[81] 陈刚，陆汝钤，金芝．基于领域知识重用的虚拟领域本体构造 [J]. 软件学报，2003(3): 350–355.
[82] 李景．领域本体的构建方法与应用研究 [D]. 北京：中国农业科学院，2009.
[83] 余凡．领域本体构建方法及实证研究——以测绘学领域为例 [D]. 武汉：武汉大学，2013.
[84] 王庆林，张九天．气候变化领域本体手册 [M]. 北京：北京理工大学出版社，2012.
[85] 支丽平．基于多 Agent 的大规模中文领域本体的自动化构建方法与应用研究 [M]. 北京：科学技术文献出版社，2018.
[86] 史金钏．基于 LSTM 的领域本体关系提取方法及应用研究 [D]. 北京：中国民航大学，2018.
[87] 牟冬梅，张艳侠，黄丽丽，等．基于 SNOMED CT 和 FCA 的医学领域本体构建研究 [J]. 情报学报，2013(6)：653–662.
[88] 李树青．基于引文关键词加权共现技术的图情学科领域本体自动构建方法研究 [J]. 情报学报，2012(4)：371–380.
[89] 王思丽，祝忠明．机构知识库相关性检索机制研究与试验 [J]. 情报科学，2020, 38(2)：94–101.
[90] Hinton G E, Osindero S, Teh Y. A fast learning algorithm for deep belief nets[J]. Neural Computation, 2006(18): 1527–1554.
[91] 巢笼悠辅（Yusuke Sugomori）．深度学习：Java 语言实现 (Java Deep Learning Essentials)[M]. 北京：机械工业出版社，2017.
[92] Dino Ienco, Raffaele Gaetano, Roberto Interdonato, et al. Combining Sentinel–1 and Sentinel–2 Time Series via RNN for object–based land cover classification[EB/OL]. [2018–12–13]. https://arxiv.org/abs/1812.05530.
[93] Ilya Sutskever, Oriol Vinyals, Quoc V Le. Sequence to Sequence Learning with Neural Networks[EB/OL]. [2014–09–10]. https://arxiv.org/

abs/1409.3215.

[94] Tomas Mikolov, Kai Chen, Greg Corrado, et al.Efficient Estimation of Word Representations in Vector Space[EB/OL]. [2013-09-07]. https://arxiv.org/abs/1301.3781.

[95] Quoc V. Le, Mikolov Tomas. Distributed representations of sentences and documents[EB/OL]. [2014-05-16]. https://arxiv.org/abs/1405.4053.

[96] Jeffrey Pennington, Richard Socher, Christopher D Manning.GloVe: GlobalVectors for Word Representation[DB/OL]. [2018-12-29]. https://nlp.stanford.edu/projects/glove/.

[97] Liqiang Niu, Xinyu Dai, Jianbing Zhang, et al. Topic2Vec: Learning Distributed Representations of Topics[C].2015 International Conference on Asian Language Processing (IALP), Suzhou, 2015: 193-196.

[98] Christopher Moody. Mixing Dirichlet Topic Models and Word Embeddings to Make lda2vec[EB/OL]. [2016-05-06]. https://arxiv.org/abs/1605.02019.

[99] TensorFlow[DB/OL]. [2019-11-25]. https://tensorflow.google.cn/.

[100] Deeplearning4j[DB/OL]. [2019-11-25]. https://github.com/deeplearning4j.

[101] PyTorch[DB/OL]. [2019-11-25]. https://pytorch.org/.

[102] Theano[DB/OL]. [2019-11-25]. https://pypi.org/project/Theano/.

[103] Keras[DB/OL]. [2019-11-25]. https://keras.io/.

[104] Kaiming He, Xiangyu Zhang, Shaoqing Ren, et al. Deep Residual Learning for Image Recognition[EB/OL]. [2015-12-10]. https://arxiv.org/abs/1512.03385.

[105] Ashish Vaswani, Noam Shazeer, Niki Parmar, et al. Attention Is All You Need[EB/OL].[2017-12-06]. https://arxiv.org/abs/1706.03762.

[106] Matthew Peters, Mark Neumann, Mohit Iyyer, et al.Deep contextualized word representations[EB/OL]. [2018-03-22]. https://arxiv.org/abs/1802.05365.

[107] Jeremy Howard, Sebastian Ruder. Universal Language Model Fine-tuning for Text Classification[EB/OL].[2018-05-23].https://arxiv.org/

abs/1801.06146.

[108] GPT-2[DB/OL]. [2019-11-25]. https://github.com/openai/gpt-2.

[109] Jacob Devlin, Ming-Wei Chang, Kenton Lee, et al. BERT: pre-training of deep bidirectional transformers for language understanding[EB/OL]. [2019-05-24].https://arxiv.org/abs/1810.04805.

[110] Zihang Dai, Zhilin Yang, Yiming Yang, et al. Transformer-XL: Attentive Language Models Beyond a Fixed-Length Context[EB/OL]. [2019-06-02]. https://arxiv.org/abs/1901.02860.

[111] Zhilin Yang, Zihang Dai, Yiming Yang, et al. XLNet: Generalized Autoregressive Pretraining for Language Understanding[EB/OL].[2019-06-19]. https://arxiv.org/abs/1906.08237.

[112] Flair[DB/OL]. [2019-11-25]. https://github.com/zalandoresearch/flair.

[113] StanfordNLP[DB/OL]. [2019-11-25]. https://github.com/stanfordnlp.

[114] Raghavendra Chalapathy, Ehsan Zare Borzeshi, Massimo Piccardi. Bidirectional LSTM-CRF for clinical concept extraction[EB/OL].[2016-10-19]. https://arxiv.org/abs/1610.05858.

[115] Jianan Wang, Jin Liu, Lei Kong. Gastroenterology Ontology Construction Using Synonym Identification and Relation Extraction[C]. Advances in Computer Science and Ubiquitous Computing, Springer, Singapore, 2017, 414: 505-510.

[116] Casteleiro MA, Fernandez DM, Demetriou G, et al. A Case Study on Sepsis Using PubMed and Deep Learning for Ontology Learning[J]. Studies in Health Technology and Informatics, 2017, 235: 516-520.

[117] Ying Shen, Yaliang Li,Yang Deng, et al. Gastroenterology Ontology Construction Using Synonym Identification and Relation Extraction[J]. IEEE Access, 2018, 6: 52095 - 52104.

[118] Hirenkumar Nakawala, Roberto Bianchi, Laura Erica Pescatori, et al. "Deep-Onto" network for surgical workflow and context recognition[J]. International Journal of Computer Assisted Radiology and Surgery, 2019, 14(4): 685 - 696.

[119] Baroni M, Lenci A. How We BLESSed Distributional Semantic Evaluation[C]. Proceedingsof the GEMS 2011 Workshop on GEometrical Models of Natural Language Semantics, 2011.

[120] Lison P, Tiedemann J, Kouylekov M. OpenSubtitles2018: Statistical Rescoring of Sentence Alignments in Large, Noisy Parallel Corpora[C]. Proceedings of the 11th edition of the Language Resources and Evaluation Conference (LREC 2018), Miyazaki, Japan, 2018.

[121] Sketch Engine | Language Corpus Management and Query System[DB/OL]. [2019-06-25]. https://www.sketchengine.eu/.

[122] 王思丽，刘巍，祝忠明，等．基于 CSpace 的科技信息可配置化自动监测功能设计与实现 [J]. 数据分析与知识发现，2017(10): 85-93.

[123] 王思丽，祝忠明，刘巍，等．领域本体学习语料的自动获取与预处理方法研究 [J]. 图书馆学研究，2019(20): 54-64.

[124] 郭家清．基于条件随机场的命名实体识别研究 [D]. 沈阳：沈阳航空工业学院，2007.

[125] 程志远．基于神经网络的中文分词研究 [D]. 郑州：郑州大学，2019.

[126] 王玮．基于 Bi-LSTM-6Tags 的智能中文分词方法 [J]. 计算机应用，2018（增刊 2）: 107-110.

[127] Second International Chinese Word Segmentation Bakeoff[EB/OL]. [2019-04-10]. http://sighan.cs.uchicago.edu/bakeoff2005/.

[128] HanLP: Han Language Processing[EB/OL]. [2019-06-25]. http://www.hanlp.com/.

[129] 王思丽，祝忠明，刘巍，等．基于深度学习的领域本体概念自动获取方法研究 [J]. 情报理论与实践，2020, 43(3): 145-152.

[130] KANZAKI K, BOND F, TOMURO N, et al. Extraction of attribute concepts from Japanese adjectives [J]. Language Resources and Evaluation, 2008.

[131] ABACHA A B, ZWEIGENBAUM P. Automatic extraction of semantic relations between medical entities: a rule based approach[J]. Journal of Biomedical Semantics, 2011, 5(2): 1-11.

[132] GUPTA S, MANNING C. SPIED: Stanford pattern based information extraction and diagnostics[C]. Proceedings of the Workshop on Interactive Language Learning, Visualization, and Interfaces, USA, 2014: 38–44.

[133] 王昊，苏新宁．基于模式匹配的中文通用本体概念抽取模型 [J]. 情报理论与实践，2008(2): 292–297.

[134] BUN K K, ISHIZUKA M. Topic extraction from news archive using TF*PDF algorithm[C].Proceedings of the Third International Conference on Web Information Systems Engineering, 2002: 73–82.

[135] WEI XL, SUN Y, ZHANG SK, et al. Ontological concept extraction method based on maximum entropy model[J]. Computer Engineering, 2009, 35(24): 114–116.

[136] 唐晓波，胡华．中文 UGC 信息源的本体概念抽取研究 [J]. 现代图书情报技术，2014, 30(5): 41–49.

[137] 颜端武，李兰彬，曲美娟．基于 N–gram 复合分词的领域概念自动获取方法研究 [J]. 情报理论与实践，2014, 37(2):122–126.

[138] 樊梦佳，段东圣，杜翠兰，等．统计与规则相融合的领域术语抽取算法 [J]. 计算机应用研究，2016, 33 (8): 2282–2285，2306.

[139] 余凡，楼雯．领域概念的三层递进筛选方法研究 [J]. 现代图书情报技术，2015, 31(4): 26–33.

[140] WU B, OUYANG L B. A method of domain compound concept extraction based on multilevel filter[J]. Computer and Information Technology, 2014: 2292–2296.

[141] HABIB B M, KEULEN M V, ZHU Z. Concept extraction challenge: university of Twente at MSM2013[C]. Proceedings of the Concept Extraction Challenge at the Workshop on 'Making Sense of Microposts', Germany, 2013: 17–20.

[142] BRUIJN B D, CHERRY C, KIRITCHENKO S, et al. Machine–learned solutions for three stages of clinical information extraction: the state of the art at i2b2 2010[J]. Journal of the American Medical Informatics Association, 2011, 18(5): 557–562.

[143] CHI C Y, ZHANG Y. Information extraction from Chinese papers based on hidden Markov model[J].Advanced Materials Research,2014, 846-847: 1291-1294.

[144] ZHANG W, YOSHIDA T, TANG X J. Using ontology to improve precision of terminology extraction from documents[J].Expert Systems with Applications, 2009, 36(5): 9333-9339.

[145] NASTASE V, STRUBE M. Transforming Wikipedia into a large scale multilingual concept network[J]. Artificial Intelligence, 2013, 194: 62-85.

[146] KIM Y. Convolutional neural networks for sentence classification [EB/OL]. [2014-09-03]. https://arxiv.org/abs/1408.5882.

[147] YU Z, WANG H X, LI X M, et al. Learning term embeddings for hypernymy identification[C]. Proceedings of the Twenty-Fourth International Joint Conference on Artificial Intelligence (IJCAI 2015), Buenos Aires, Argentina, 2015: 1390-1397.

[148] BOTTOU L. Stochastic gradient descent tricks[C]. Neural Networks: Tricks of the Trade. Lecture Notes in Computer Science, Springer, Berlin, Heidelberg, 2012: 421-436.

[149] 李丽双，郭元凯．基于 CNN-BLSTM-CRF 模型的生物医学命名实体识别 [J]. 中文信息学报，2018(1):116-122.

[150] CHALAPATHY R, BORZESHI E Z, PICCARDI M. Bidirectional LSTM-CRF for clinical concept extraction[EB/OL]. [2016-10-19]. https://arxiv.org/abs/1610.05858.

[151] 马建红，张亚梅，姚爽，等．基于 BLSTM_attention_CRF 模型的新能源汽车领域术语抽取 [J]. 计算机应用研究，2019(5):1385-1389.

[152] Srivastava N, Hinton N, Krizhevsky A, et al. Dropout: a simple way to prevent neural networks from overfitting[J]. Journal of Machine Learning Research, 2014, 15(1):1929-1958.

[153] 李航．统计学习方法 [M]. 北京：清华大学出版社，2012.

[154] 科技知识组织体系共享服务系统 (STKOS)[DB/OL]. [2019-11-26]. http://stkos.las.ac.cn/stkosservice/user/welcome.htm.

[155] Jonatas Wehrmann, Ricardo Cerri, Rodrigo Barros. Hierarchical Multi-Label Classification Networks[C]. Proceedings of the 35th International Conference on Machine Learning, 2018: 5075–5084.

[156] Hao Peng, Jianxin Li, Yu He, et al. Large-Scale Hierarchical Text Classification with Recursively Regularized Deep Graph-CNN[C]. WWW '18 Proceedings of the 2018 World Wide Web Conference, Lyon, France, 2018: 1063–1072.

[157] Yoon Kim. Convolutional Neural Networks for Sentence Classification[EB/OL]. [2014-07-03]. https://arxiv.org/abs/1408.5882.

[158] 基于 Text-CNN 模型的中文文本分类实战 [EB/OL]. [2019-11-26]. https://cloud.tencent.com/developer/article/1335257.

[159] Siwei Lai, Liheng Xu, Kang Liu, et al.Recurrent Convolutional Neural Networks for Text Classification[C]. Proceedings of the Twenty-Ninth AAAI Conference on Artificial Intelligenc, 2015: 2267–2273.

[160] Pengfei Liu, Xipeng Qiu, Xuanjing Huang.Recurrent Neural Network for Text Classification with Multi-Task Learning[EB/OL].[2016-05-17]. https://arxiv.org/abs/1605.05101.

[161] Armand Joulin, Edouard Grave, Piotr Bojanowski, et al. Bag of Tricks forEfficient Text Classification[EB/OL]. [2016-08-09]. https://arxiv.org/abs/1607.01759.

[162] Alexis Conneau, Holger Schwenk, Loïc Barrault, et al. Very Deep Convolutional Networks for Natural Language Processing[EB/OL]. [2016-06-06].https://arxiv.org/abs/1606.01781v1.

[163] Rie Johnson, Tong Zhang. Deep Pyramid Convolutional Neural Networks for Text Categorization[C]. Proceedings of the 55th Annual Meeting of the Association for Computational Linguistics, Vancouver, Canada, 2017: 562–570.

[164] Rie Johnson, Tong Zhang. Supervised and Semi-Supervised Text Categorization using LSTM for Region Embeddings[EB/OL].[2016-05-26].https://arxiv.org/abs/1602.02373.

[165] Chao Qiao, Bo Huang, Guocheng Niu, et al. A New Method of Region Embedding for Text Classification[EB/OL].[2018-02-16].https://openreview.net/forum?id=BkSDMA36Z.

[166] Wei Zhao, Jianbo Ye, Min Yang, et al. Investigating Capsule Networks with Dynamic Routing for Text Classification[EB/OL].[2018-06-20].https://arxiv.org/abs/1804.00538v3.

[167] Liang Yao, Chengsheng Mao,Yuan Luo, et al. Graph Convolutional Networks for TextClassification[C]. Proceedings of the AAAI Conference on Artificial Intelligence, 2019, 33: 7370-7377.

[168] BaoxinWang. Disconnected Recurrent Neural Networks for Text Categorization[C]. Proceedings of the 56th Annual Meeting of the Association for Computational Linguistics, Melbourne, Australia, 2018: 2311-2320.

[169] Wenpeng Yin, Hinrich Schütze, Bing Xiang, et al. ABCNN: Attention-Based Convolutional Neural Network for Modeling Sentence Pairs[J]. Transactions of the Association for Computational Linguistics, 2016, 4: 259-272.

[170] Zichao Yang, Diyi Yang, Chris Dyer, et al. Hierarchical Attention Networks for Document Classification[C]. Proceedings of NAACL-HLT 2016, San Diego, California, 2016: 1480-1489.

[171] Nikolaos Pappas, Andrei Popescu-Belis. Multilingual Hierarchical Attention Networks for Document Classification[EB/OL]. [2017-09-05]. https://arxiv.org/abs/1707.00896.

[172] Yanghoon Kim, Hwanhee Lee, Kyomin Jung. AttnConvnet at SemEval-2018 Task 1: Attention-based Convolutional Neural Networks for Multi-label Emotion Classification[EB/OL]. [2018-01-01]. http://sciencewise.info/articles/1804.00831/.

[173] Jader Abreu, Luis Fred, David Mac ê do, et al. Hierarchical Attentional Hybrid NeuralNetworks for Document Classification[EB/OL]. [2019-06-28]. https://arxiv.org/abs/1901.06610.

[174] Liqun Liu, Funan Mu, Pengyu Li, et al. NeuralClassifier: An Open-source Neural Hierarchical Multi-label Text Classification Toolkit[C]. Proceedings of the 57th Annual Meeting of the Association for Computational Linguistics: System Demonstrations, Florence, Italy, 2019: 87-92.

[175] 2018 年最强自然语言模型 Google BERT 论文全文中译 [EB/OL]. [2019-02-19]. https://juejin.im/post/5c6b5975e51d452704714573.

[176] 黄志辉 . 基于卷积神经网络的量化选股模型研究 [D]. 杭州 : 浙江大学 , 2019.

[177] 谷歌更强 NLP 模型 XLNet 开源：20 项任务全面碾压 BERT！ | 雷锋网 [EB/OL]. [2019-06-20]. https://www.leiphone.com/news/201906/GrPqtGopBf1BglHZ.html.

[178] SentencePiece[DB/OL].[2019-11-26].https://github.com/google/sentencepiece.

[179] OpenCLaP [DB/OL]. [2019-11-26]. https://github.com/thunlp/OpenCLaP.

[180] Pre-Training with Whole Word Masking for Chinese BERT[DB/OL]. [2019-11-26]. https://github.com/ymcui/Chinese-BERT-wwm.

[181] RoBERTa for Chinese[DB/OL]. [2019-11-26]. https://github.com/brightmart/roberta_zh.

[182] Pre-Trained Chinese XLNet[DB/OL]. [2019-11-26]. https://github.com/ymcui/Chinese-PreTrained-XLNet.

[183] Pre-Trained Chinese XLNet_Large[DB/OL]. [2019-11-26]. https://github.com/brightmart/xlnet_zh.

[184] Kmeas[EB/OL]. [2018-07-02]. https://blog.csdn.net/sinat_30353259/article/details/80887779.

[185] ABC Thesaurus[DB/OL]. [2019-11-27]. https://abcthesaurus.com/.

[186] Dictionary.com[DB/OL]. [2019-11-27]. https://www.dictionary.com/.

[187] Marti A. Hearst. Automatic acquisition of hyponyms from large text corpora[C]. Proceedings of the 14th international conference on computational linguistics, Nantes, France, 1992, 2: 539 - 545.

[188] Stephen Roller, Katrin Erk.Relations such as Hypernymy: Identifying and Exploiting Hearst Patterns in Distributional Vectors for Lexical Entailment[C]. Proceedings of the 2016 Conference on Empirical Methods in Natural Language Processing, Austin, Texas, 2016: 2163–2172.

[189] Maayan Geffet, Ido Dagan. The distributional inclusion hypotheses and lexical entailment[C]. ACL '05 Proceedings of the 43rd Annual Meeting on Association for Computational Linguistics, Ann Arbor, Michigan, 2005: 107–114.

[190] Lili Kotlerman, Ido Dagan, Idan Szpektor, et al. Directional distributional similarity for lexical inference[J]. Natural Language Engineering, 2010, 16(4): 359–389.

[191] Marco Baroni, Alessandro Lenci.How we BLESSed distributional semantic evaluation[C]. GEMS '11 Proceedings of the GEMS 2011 Workshop on GEometrical Models of Natural Language Semantics, Edinburgh, Scotland, 2011:1–10.

[192] Mei Kuan Wong, Syed Sibte Raza Abidi, Ian D Jonsen. A multi–phase correlation search framework for mining non–taxonomic relations from unstructured text[J]. Knowledge and Information Systems, 2014, 38(3): 641–667.

[193] Stephen Roller, Katrin Erk, Gemma Boleda. Inclusive yet selective: Supervised distributional hypernymy detection[C].Proceedings of COLING 2014, the 25th International Conference on Computational Linguistics, Dublin, Ireland, 2014: 1025–1036.

[194] Ruiji Fu, Jiang Guo, Bing Qin, et al. Learning Semantic Hierarchies via Word Embeddings[C].Proceedings of the 52nd Annual Meeting of the Association for Computational Linguistics, Baltimore, Maryland, USA, 2014: 1199 - 1209.

[195] Zheng Yu, Haixun Wang, Xuemin Lin, et al. Learning Term Embeddings for Hypernymy Identification[C]. Proceedings of the Twenty–Fourth International Joint Conference on Artificial Intelligence (IJCAI 2015),

Buenos Aires, Argentina, 2015 :1390–1397.

[196] Chengyu Wang, Xiaofeng He. Chinese Hypernym–Hyponym Extraction from User Generated Categories[C].Proceedings of COLING 2016, the 26th International Conference on Computational Linguistics, Osaka, Japan, 2016: 1350 - 1361.

[197] Ying Shen, Yaliang Li, Yang Deng, et al.Gastroenterology Ontology Construction Using Synonym Identification and Relation Extraction[J]. IEEE Access, 2018, 6: 52095 – 52104.

[198] 云南八大名花 [EB/OL]. [2019–11–27]. https://baike.baidu.com/item/ 云南八大名花 .

[199] MEDLINE/PubMed Data[DB/OL]. [2019–09–10]. https://www.nlm.nih.gov/databases/download/pubmed_medline.html.

[200] SnomedCT[DB/OL]. [2019–09–10]. http://browser.ihtsdotools.org/.

[201] Graphviz–Graph Visualization Software[DB/OL]. [2019–11–27].http://www.graphviz.org/.

[202] TouchGraph[DB/OL]. [2019–11–27]. http://www.touchgraph.com/navigator.

[203] Alessandro Cucchiarelli, Ro Cucchiarelli, Roberto Navigli, et al. Automatic Generation of Glosses in the OntoLearn System[C]. Proceedings of the 4th International Conference on Language Resources and Evaluation, LREC 2004, 2004: 1293–1296.

[204] Philipp Cimiano, Johanna Völker. Text2Onto–A Framework for Ontology Learning and Data–Driven Change Discovery[C].International Conference on Application of NaturalLanguage to Information Systems, NLDB 2005, 2005: 227–238.

[205] Apache Jena[DB/OL]. [2019–11–27]. http://jena.apache.org/.

[206] Sesame[DB/OL]. [2019–11–27]. https://sourceforge.net/projects/sesame/.

[207] Eclipse rdf4j[DB/OL]. [2019–11–27]. http://www.rdf4j.org/.

[208] The D2RQ Platform–Accessing Relational Databases as Virtual RDF Graphs[DB/OL]. [2019–11–27]. http://d2rq.org/.

[209] DB2RDF[DB/OL]. [2019-11-27]. https://sourceforge.net/projects/db2rdf/.

[210] Neo4j Graph Platform – The Leader in Graph Databases[DB/OL] [2019-11-27]. https://neo4j.com/.

[211] 王飞，易绵竹，谭新，等．基于 Neo4j 对涉藏领域本体的存储方法研究 [J]. 郑州大学学报 (理学版), 2019, 51(2): 60-65.

[212] 宫法明，李翛然．基于 Neo4j 的海量石油领域本体数据存储研究 [J]. 计算机科学，2018, 45(增刊 1): 549-554.

[213] 王红，张青青，蔡伟伟，等．基于 Neo4j 的领域本体存储方法研究 [J]. 计算机应用研究，2017, 34(8): 2404-2407.

[214] The OBO Foundry[DB/OL]. [2019-11-27]. http://obofoundry.org/.

[215] GeoRef | GeoScienceWorld[DB/OL]. [2019-11-27]. https://pubs.geoscienceworld.org/georef.

[216] Medical Subject Headings[DB/OL]. [2019-11-27]. https://www.nlm.nih.gov/mesh/meshhome.html.

[217] SKOS Simple Knowledge Organization System[DB/OL]. [2019-11-27]. https://www.w3.org/2004/02/skos/.

[218] Friend of a friend (FOAF) search engine[DB/OL]. [2019-11-27]. https://www.foaf-search.net/.

[219] VIVO – Connect. Share. Discover[DB/OL]. [2019-11-27]. https://duraspace.org/vivo/.

[220] VIVO – Web of Science Group[DB/OL]. [2019-11-27]. https://clarivate.com/webofsciencegroup/solutions/vivo/.

[221] Ontocale – semantic web and linked data[DB/OL]. [2019-11-27]. https://ontocale.com/.

[222] API-First CMS to Power All Digital Products | Contentful[DB/OL]. [2019-11-27]. https://www.contentful.com/.

[223] Content Services | Think Beyond ECM Services | Nuxeo[DB/OL]. [2019-11-27]. https://www.nuxeo.com/.

[224] Virtuoso SPARQL Query Editor[DB/OL]. [2019-11-27]. http://dbpedia.org/sparql/.

[225] MHCLG Open Data | SPARQL[DB/OL]. [2019-11-27]. https://opendatacommunities.org/sparql.

[226] MeSH SPARQL Explorer[DB/OL]. [2019-11-27]. https://id.nlm.nih.gov/mesh/query.

[227] Silk Link Discovery Framework[DB/OL]. [2019-11-27]. https://github.com/silk-framework/silk.

[228] LIMES - Link Discovery Framework for Metric Spaces[DB/OL]. [2019-11-27]. https://github.com/dice-group/LIMES.

[229] Natural Language Toolkit[DB/OL]. [2019-11-27]. http://www.nltk.org/.

[230] Apache OpenNLP[DB/OL]. [2019-11-27]. http://opennlp.apache.org/.

[231] GateNLP[DB/OL]. [2019-11-27]. https://github.com/GateNLP.

[232] Designing a RESTful API with Python and Flask[EB/OL]. [2019-11-27]. http://www.pythondoc.com/flask-restful/.

[233] Emma Strubell, Ananya Ganesh, Andrew McCallum. Energy and Policy Considerations for Deep Learning in NLP [EB/OL]. [2019-07-05]. https://arxiv.org/abs/1906.02243.

[234] Scott A.Kulp, Benjamin H. Strauss. New elevation data triple estimates of global vulnerability to sea-level rise and coastal flooding[J]. Nature Communications, 2019, 10: 1-12.

[235] Michael Barnard. Southern Florida Among Spots At Greater Risk Due To Sea LevelRise, Finds New Machine Learning Study[EB/OL]. [2019-11-04]. https://cleantechnica.com/2019/11/04/southern-florida-among-spots-at-greater-risk-due-to-sea-level-rise-finds-new-machine-learning-study/.